一念放下，自在心间

王翔南 著

和解的力量
心理学教授咨询手记

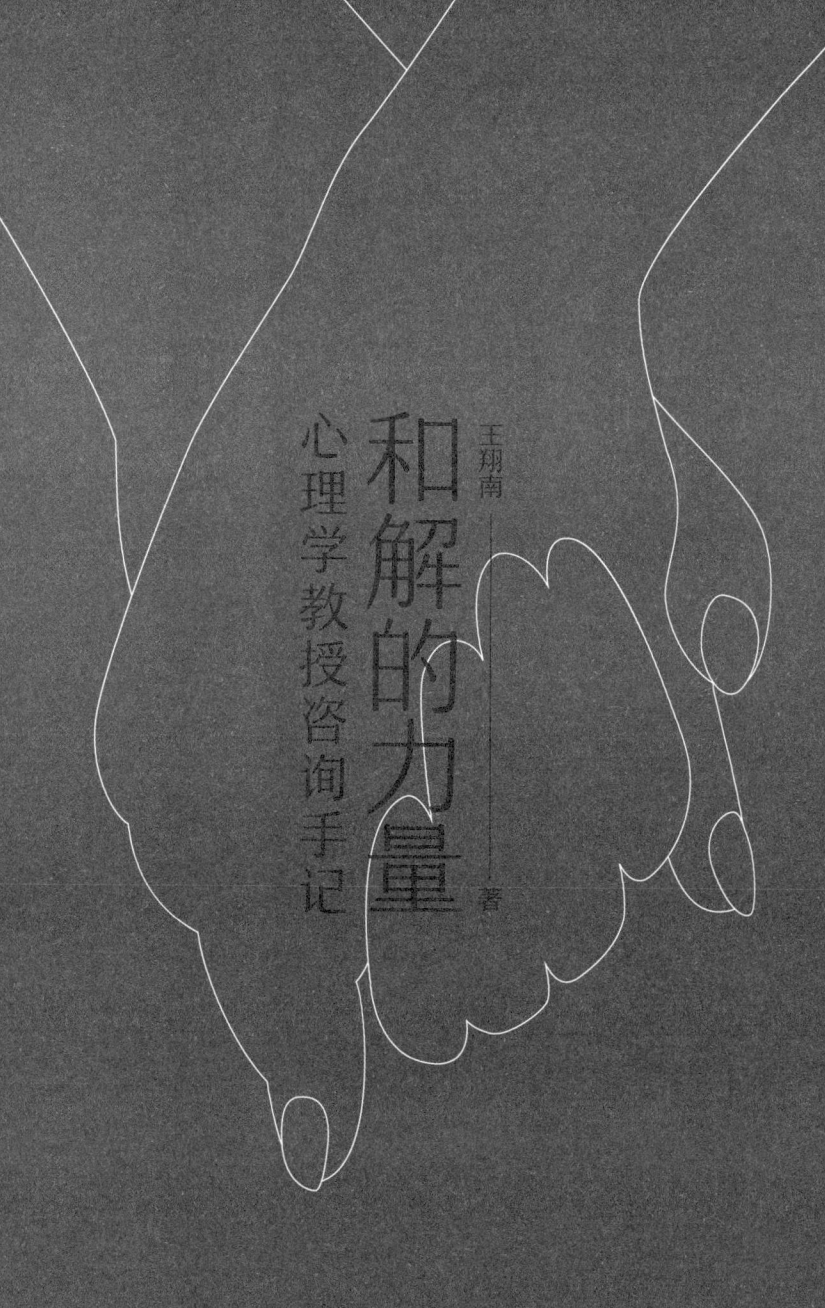

金城出版社
GOLD WALL PRESS
中国·北京

图书在版编目（CIP）数据

和解的力量：心理学教授咨询手记 / 王翔南著. —北京：金城出版社有限公司，2024.3
ISBN 978–7–5155–2480–1

Ⅰ.①和⋯ Ⅱ.①王⋯ Ⅲ.①心理咨询－案例 Ⅳ.①B849.1

中国版本图书馆CIP数据核字（2023）第098571号

和解的力量：心理学教授咨询手记

作　　　者	王翔南
责任编辑	彭洪清
责任校对	杨　超
责任印制	李仕杰
开　　本	710毫米×1000毫米　1/16
印　　张	14.5
字　　数	160千字
版　　次	2024年3月第1版
印　　次	2024年3月第1次印刷
印　　刷	天津旭丰源印刷有限公司
书　　号	ISBN 978–7–5155–2480–1
定　　价	58.00元

出版发行	金城出版社有限公司　北京市朝阳区利泽东二路3号
	邮编：100102
发 行 部	(010) 84254364
编 辑 部	(010) 64210080
总 编 室	(010) 64228516
网　　址	http://www.jccb.com.cn
电子邮箱	jinchengchuban@163.com
法律顾问	北京植德律师事务所　（电话）18911105819

序 我从外科医生变成了心理医生

一

记得我从医学院毕业刚下临床的那年,在一个三甲医院的泌尿外科当见习医生。我的带教老师是一个毕业3年的年轻医生,叫周建平。周建平是一个性格爽朗、不拘小节的人,他跟我们这帮刚到临床的小医生们关系处理得很融洽,平日里经常跟我们开开玩笑,也带我们出去吃吃喝喝。初出茅庐,我虽然人还机灵,但若论人生经验,几乎是零。就在我开始见习的第一个月,泌尿外科发生了一件令我终生难忘的事情,并由此改变了我的人生轨迹。现在每当我提到自己曾是外科医生时,就会有人好奇地问:您为什么要改行当心理医生呢?这时,我就会把这个故事原原本本地告诉他们——

有一天,周建平和我分管的16号病床来了一个65岁的男性患者。他是因"老年性前列腺肥大合并尿潴留"入院的。

前列腺肥大又称前列腺增生症,是老年男性的常见病和多发病。其以排尿次数增多(尤其夜间)、排尿困难、尿流变细、排尿淋漓不尽为主要症状。如气候变化、劳累、饮酒、房事或感染等诱因,极易引起尿潴留,甚至导致病患的尿液完全排不出,造成极大痛苦。病情早期一般采用口服或肌注雌激素治疗;若为急性尿潴留,导尿以解除尿潴留,并留置导尿管;若前列腺增生较大,且多次患急性尿潴留,有大量残余尿(60毫升~100毫升及以上),并伴有泌尿系统感染,肾功能受损,经上述治疗无效者,宜行前列腺摘除术。如果病人无配偶,年龄在65岁以上,且术前使用雌激素治疗有效,但不能长期耐受,又因经济困难或身体体质差等原因,不能接受前列腺摘除术者,可考虑施行睾丸切除术。

二

周建平带着我和另一个女实习生查完病房,跟我们分析16床的病情。他说:"这个老伯的老伴在两年前就因病去世了,基本没有性生活,而且老伯过去在门诊看病,口服己烯雌酚效果还可以,说明控制激素水平是有效的;但据他的儿子说,他们的家庭经济比较困难,希望能少花钱治好病。所以,我们可以向他们建议进行睾丸切除术。"

女实习生掩口笑道:"睾丸切除,那不是阉割吗?"

周建平严肃道:"笑什么!这是个小手术,干净利落,花钱又少,对他是最佳治疗方案。就由小王医生来做这个手术。"

我有点担心,说:"我来做行吗?我刚来科室不久……"

周建平说:"没事!这手术太简单了,打局部麻醉就行,我当助手,你来主刀。"

于是我做了常规术前准备,又找病人的儿子签了字。两天后的一个下午,我和周建平给老伯切除了睾丸。手术进行得很顺利,仅做了半小时,术中病人出血很少,也无不良反应。当我们把老伯推出手术室时,他谢了我们,又有点意外地问:"怎么这么快就结束了?"

女实习生说:"老伯,是小手术。"

周建平说:"你还嫌时间不够长吗?那我们下一次尽量做久一点。"

老伯吓了一跳,忙问:"还要做手术啊?"

我笑道:"没事的!不用再做手术了,周老师跟你开玩笑呢。"

术后第三天,常规换药,老伯见到空荡荡的阴囊,就吃惊地问:"怎么,蛋蛋没有了?"

周建平说:"切掉了,这是'多、快、好、省'的方法。你儿子没有跟你说吗?"

老伯焦急起来,喃喃道:"他没跟我说,他没跟我说,这、这不是被阉掉了吗?"

周建平有点不耐烦地说:"阉掉又有什么了不起!你的老伴也不在了,你也六七十岁了,要这个玩意儿也没有什么用,切了更干净,切了,你憋尿的毛病就好了。"

老伯呆呆地望着我们,不知道说什么好。

回到办公室,我对周建平说:"周老师,16床情绪有点不太对劲,要不要找家属来谈谈,帮着安抚他一下。"

周建平满不在乎地说:"没事的,过几天就好了。"

晚上,正逢周建平值班,我和女实习生也都跟着一起值班。我们在办公室写病历,看书。门口有一个身影在徘徊,好半天才迟疑着走进来,我抬头一看,原来是16床的老伯。他磨磨蹭蹭地走到周建平的身边说:"周医生,我、我……我的蛋蛋,你们……你们放到哪里去了?"

"什么,什么蛋蛋?"周建平一下子没有反应过来。

女实习生解释说:"他是要找回切掉的睾丸,今天下午他已经来过好几次了,说是要找你要睾丸。"

周建平好气又好笑地问:"你要找回那个玩意儿干什么?"

老伯用央求的口气说:"周医生,求你帮个忙,帮我找回我的'蛋蛋',帮我缝回去好吗?"

周建平生气道:"你胡搅什么!已经切掉了,怎么能够缝回去呢?缝回去也没用了,早已坏死了、臭了、烂了!"

老伯听不进去,执意要周医生找到睾丸,缝回去。周建平被他纠缠得很无奈,就找个借口躲出去了。我和女实习生劝了很久也没有效果,老伯固执地要找回他的"蛋蛋"。一直闹到很晚,整个病房都不得安静,许多病人和陪同家属都围过来看热闹。我见状,就偷偷吩咐护士给他打一针安定,并哄他说:"今天太晚了,明天我们帮你去找'蛋蛋',你先回病房打针吧。"

三

好说歹说,总算把他哄回病房,打了安定,他昏然入睡了。

值班护士告诉我,上午她们巡查病房时,听见16床老伯的病友对他说,他被切了睾丸,就是不男不女的人了,将来死了,阎王爷是不收这种人的,他将成为孤魂野鬼,终日游荡在阳世和冥界之间,永远不得投胎转世……一番话说得老伯心惊胆战,惶惶不可终日。那个病友又说:解救的方法也有,就是把被割掉的睾丸找回来,放在石灰坛子里收藏好,等到百年之后,入殓的时候,叫后人把睾丸缝回原处,这样就又是男人了,阎王爷就收了,也就可以转世投胎了。据说,过去宫廷太监们死了以后,家人都会把他们被割掉的睾丸放回原位,等等。老伯可能就是听了这些话,才固执地要找回他的"蛋蛋"。

第二天查房时，老伯又跟周建平纠缠不休，非要找回他的"蛋蛋"不可。周建平火了，大声斥责他道："你胡搅蛮缠什么！告诉你，你的'蛋蛋'早就扔到垃圾堆里去了，说不定早就被狗吃掉了！你找狗去要'蛋蛋'吧！"

老伯的神情立刻黯然了，木然地坐在病床上，再也没有说话……

接下来几天老伯突然安静了，没有再来找周建平要"蛋蛋"，医生办公室和病房顿时清静了不少。周建平觉得有点奇怪，但也没有太在意。我倒是经常去看看老伯，见他没有什么异常，但问他什么，回答得很少，只是一个人经常默默地望着窗外发呆。他的家人也很少来看他，大概因为觉得他的病很轻，又是小手术吧。

快要出院了，老伯显得有些忐忑不安。晚上病房熄灯后，护士见他打着手电在写些什么，问他，他也不搭理。

下半夜，当值夜班的护士巡查病房时，发现16床床上空空的，以为老伯上厕所去了，也没在意。

天快亮时，勤杂工到开水房干活，一抬头模模糊糊地看见窗户的铁栏杆上，挂着衣裤，在晨风中荡来荡去，于是嘟囔着："是谁把洗了的衣服挂在这里啊？"说着就伸手去摸，谁知竟摸到一具吊死的尸体！吓得她尖声嚎起来……

医护人员赶过来抢救，哪里还有救，人已经死了几个时辰了！

四

老伯就这样死了。

他留下了一封遗书，遗书上歪歪扭扭地写了几十个字：

> 老婆不在了，我早就不想活了，我自己想死，不怪别人。医生都对我很好。我死了火化，不留尸体……

看了老伯的遗书，我不知怎么的，心里酸酸的，不是滋味。

周建平紧张了几天，后来见无事，又放下心来。医务科的工作人员查看了16床的病历，见没有什么破绽，也没有说什么。医院照常运转，就像什么事也没有发生似的，甚至在每个星期必开的院周会上，各位领导也没有提这件事。

老伯的家属也没有吵闹，默默地结了账，收拾好老伯的遗物就回去了。

后来很长一段时间，我每次查房去16床的时候，都会想起老伯，甚至有些自责……

我被困住了：为什么手术做得很成功，而病人却死了？为什么我们这些医务人员与病人朝夕相处，竟然不知道他们心里在想些什么？为什么我们的临床医学工作者不把病人当人看，只把他们看成是患病的肌体？为什么我们在分析病案的时候，总是讨论病人的病情，不管他们的心情……

慢慢地我找到了答案：之所以会存在上述的问题，那是因为临床医学是一门纯生物医学，把人看成与动物一样的有机体，不研究人的七情六欲，不探索人的心理活动与疾病之间的关系，不讨论人的患病机制中的心理行为因素与社会因素，不关心病人躯体以外的任何东西。它是一门狭隘的实用科学。

为了老伯的悲剧不再发生，也为了走出心理困境，于是我萌生了要当一名具有深厚的心理学知识与技能的临床外科医生的念头。

现在我在三甲医院开设心理咨询门诊，加入了国家级心理学相关学科的学术团体，并渐渐升任负责人、核心专家组成员。我既搞科研及教学研究，担任电台、电视台心理节目的主持人，又组织召开全国学术会议，创办学术期刊，等等。

这样，我就由一名外科医生变成了心理医生——这一切的转变是从老伯的故事开始的，也是从我与自己的和解开始的。

引狼入室	091
印记学习	102
他的女孩心	116
丝袜	126
独舞	135
解脱	147
患得患失	155
怀才不遇	165
邪恶的作品	179
后记 关照自我	213

目录

失声	001
小黑屋	008
否定式教育	025
柳暗花明	033
杞人忧天	041
催眠	049
追根溯源	059
强化的力量	072
遗尿症	076
病理性偷窃	085

失声

> 癔症性失声，属于癔症性感觉障碍的一种类型，是在暗示下患病的。患者在平时要注意调整自己，不要过分敏感，努力改善自己的易受暗示的特点，否则一遇社会心理事件，可能又会出现其他方面的癔症性障碍，比如四肢或躯体的部分感觉丧失、失明、耳聋、瘫痪、抽搐，等等。

一

一天，我的咨询室来了一个年近30岁、气质清雅、容颜娟秀的女子。她一进来，就用手比画着，表示她的咽喉出了毛病，不能说话。我示意她上5楼，去看耳鼻喉科。她用笔跟我交谈起来。

她告诉我，她叫欣妍，是一名高职高专的音乐教师。两周前，一次给学生上课，她在做发音示范时，忽然有一种咽部哽噎住的感觉，继之又觉气促、胸闷，连续咳嗽了数声后突然失声，再也说不出话来。

患病后，她在其他医院看过耳鼻喉科，看过名老中医，看过神经内、外科，做过针灸、推拿治疗，甚至看过心理科，试用过穴位注射暗示疗法、葡萄糖酸钙静脉推注暗示疗法、认知疗法、音乐疗法、放松训练疗法等诊治手段，但结果都无效。无奈之下，由熟人推荐来找我试一试。

我认为，既然生物医学检查已排除了躯体疾病的因素，那么只能从心理和心身致病机制方面去寻找病因了。我给她做了SCL-90（症状自评量表）测查，发现她的焦虑、强迫、躯体三项因子分均高于3分，达到异常的标准。这说明她的情绪状态中，焦虑、强迫与疑病倾向比较严重，她的病应该与心理、精神因素有关。

于是我说道："你患的是一种心因性疾病，我们必须找到它的致病因素，才能给予正确的诊断与治疗。你如果真想治好病，就必须告诉我最近一段时间以来，发生在你自己身上及你身边的一些情感与情绪事件，否则我也帮不了你。"

女教师迟疑了一下，写道："我不知道我的病是不是跟那次校长对我做的事有关，我本来不想再提这件事，因为我还想在学校里继续工作下去，我也不想让我的丈夫知道，影响我们的夫妻关系，我告诉了您，您能做到绝对保密吗？"

我说："你可以完全放心，心理咨询有一条重要的原则就是保密原则，每一个心理医生都会遵循这个原则的。"

二

欣妍毕业于××师范学院音乐系，她的丈夫是部队的一名军官。她婚后随军在H市的一所幼儿师范学校教书。后来因她的丈夫工作调动，她随同调入省会，进入这所国家重点高职高专当音乐老师。

欣妍长相甜美，专业能力很强，嗓音条件也不错，擅长女高音。还是在大学时期，她就参加过全省大学生声乐大赛，荣膺女声民族唱法一等奖。但是她的性格比较文静，不好出风头，结婚以后就更加不愿意抛头露面。因此，她到了这所高职高专后，连续两年的声乐专业学生毕业汇报演出，以及学校迎新春职工文艺晚会，她都没有在舞台上露面。欣妍对这种平淡的教书工作很满足，习惯了学校—家庭两点一线的生活。

过去因为丈夫在基层的工作频繁变动，他们没有要孩子，现在丈夫到了总部机关上班，生活安定多了，就准备要一个宝宝，恰恰正在这个档口上，欣妍遇到了麻烦。

中秋节到了，欣妍的学校与省直公安部门举行警民中秋联欢晚会。欣妍所在的教研室的一个女老师有一个保留节目《孔雀舞》，准备参演的，但临近晚会时，这位老师突然生病，不能上台，教研室主任请欣妍救急。主任虽然知道她的教学能力不错，但却不了解她的表演才能，因而只期望她能把这次演出对付过去就行了。

到了演出的那一天，欣妍化了淡妆，身穿一件粉红色丝质旗袍，配上白色羊绒无袖开胸衫，愈加显得娉娉婷婷，绰约多姿，淡雅脱俗。

舞台上，她顾盼生辉，落落大方地演唱了一曲电影《刘三姐》的插曲《世上哪有树缠藤》，莺啼燕啭，音惊四座，赢来一片喝彩和欢呼声。曲终歌毕台下掌声如潮，最后连续加唱了三首，方才脱身。

自晚会以后，欣妍就成了学校的红人。校长把她抽调到办公室工作，学校对外的接待工作，也必让她参加。

她本不愿意打破自己原来平静的生活，但校长一句："这是工作的需要，也是组织的决定。"使她无话可说，只好服从。

有一天，校长告诉欣妍，教育部要召开全国重点高职高专校长工作会议，并指定他们学校做重点发言，校长要她准备好发言稿，跟他一起去北京出差。单独和校长出差，欣妍不免有几分担心。

欣妍想拒绝，但校长的口气是不容置疑的，而且她丈夫也鼓励她多出去锻炼一下。就这样，欣妍跟着校长一起到了北京。头两天，校长忙于会议，也不大搭理她，吃饭的时候，他们也是分开坐的，欣妍觉得轻松了许多，她甚至感到，是自己过分警觉了，也许人家压根儿就没往别处去想呢。

第三天会议结束了，校长与几个老相识的朋友一起去外面的酒店吃饭，临上车时也叫上了欣妍。那场饭局，足足吃了3个多小时，大家很高兴，喝了好几瓶五粮液。后来又去KTV飙歌，又喝了不少啤酒，大家使劲地恭维欣妍歌喉美妙，把欣妍哄得轻飘飘的。大家还开了许多黄色玩笑。平时欣妍一听见这些黄段子，立马就会找借口离开，可是，那天有点奇怪，平常讨厌的黄段子也不那么刺耳了，只是一个劲地傻笑，酒精把她的头脑烧糊涂了。

回到宾馆，欣妍把校长扶回房间，就想回自己的房间。哪知校长一下子就把门反锁了，上来就要吻她，欣妍使劲想推开校长，但是她的手和脚都是软绵绵的，根本不听使唤。这时，欣妍想起自己正逢月经期间，就像遇到救兵一样！欣妍以为能逃过一劫，岂知校长不肯轻易放人……

自北京回来后，欣妍就总是觉得咽喉部有一种异物感，犹如骨鲠在喉，吞咽时尤其明显。她含润喉片，用盐水漱口，泡胖大海茶喝等都不见效。于是去看了耳鼻喉科大夫，大夫检查后说没有异常，而欣妍却感到喉部越来越不舒服。终于在一次上课教同学们做发音练习时，她突然感觉喉部热了一下，从此就发不出声音了。

三

"王教授，我患的到底是什么病呢？"欣妍在纸上写道。

"你患的可能是癔症性失声，属于癔症性感觉障碍的一种，患这种病是有性格基础的。你的性格应该比较敏感，很在乎别人对自己的评价，平时易受暗示，喜欢感情用事和以自我为中心，有了这种性格基础，再加上社会心理事件的诱发，就容易患上这种病。"我解释道。

"我的社会心理事件是不是校长逼我做的那件事呢？"欣妍又问。

"应该是那件事，因为它与你的患病有直接的关联。"我说。

"那应该怎么治疗呢？我看过其他的心理医生，用了许多方法都不见效。"欣妍忧心忡忡地写道。

我告诉她，癔症性失声，是在暗示下患病的，通常使用暗示疗法能够奏效，但是在此之前你已经使用过针灸、穴位注射、葡萄糖酸钙静脉推注、推拿按摩等暗示疗法，也用过认知疗法、音乐疗法、放松训练疗法等，均无疗效，看起来的确比较棘手。

欣妍很着急，连忙写道："求求您，费心帮帮我，我要是不能发音，我还怎么去教书？怎么教学生们唱歌啊？"

她含着泪，期盼地望着我。

我宽慰她道："你别着急，办法肯定是有的，你先回去，我安排一下，明天给你做治疗。"

欣妍走了，我打电话给耳鼻喉科的黄主任，请他第二天帮忙配合。

四

第二天，欣妍来了，我告诉她，在治疗之前，为慎重起见，要请耳鼻喉科的专家会诊一次，彻底排除喉部的病变。于是我写了会诊单，要她直接去找耳鼻喉科的黄主任。

40分钟后，欣妍满面疑惑地下来了，她把会诊意见交给我，然后写道："在耳鼻喉科，黄主任用喉镜看了很久，又请了几个其他专家来看，好像发现了什么。我问他们，他们都摇头不语，最后的诊断意见，黄主任写了几个英文术语，我看不懂，请您看看，是不是我还有其他毛病啊？"

我拿过会诊意见一看，只见上面写着："Under Laryngoscopic, there is a grain size of vocal masses on the right side, suspected throat cancer, it is recommended that further examination.（喉镜见，右侧声带有一米粒大小肿块，疑似喉癌，建议进一步全面检查。）"

我看着看着，表情顿时严肃。欣妍很紧张，连忙写道："有问题吗？发现了什么？"

我踌躇许久，说："最好叫你的丈夫来一趟，我跟他谈一谈。"

欣妍越发紧张，不停地用手比画着，又急急地写道："您一定要告诉我！很严重吗？是癌症吗？"

我还是不愿告诉她。我说："如果告诉你，你可能没办法承受。"

欣妍急了，流着泪做手势哀求我。

我见时机到了，就故作心情沉重地对她说："好吧，我告诉你，你可千万要挺住……，你患了喉癌，是晚期，已经广泛性转移，做不了手术了……"

欣妍一听，立刻大哭起来，哭着、哭着，喉咙就发出了声音，我乘势说："要通知你丈夫来吗？"

欣妍一边哭，一边不知不觉就说出了声："呜……呜……叫他来有什么用？反正我就要死了！呜……"

我笑道："你看，你怎么能说话了？"

欣妍仍然沉浸在巨大的悲痛之中。

她呜咽着说："能说话了又有什么用？我就要死了！没用了！"

我笑道："欣妍你听着，你没有患癌症，没有什么喉癌！黄主任和我都在有意地吓唬你，让你突然受到极度惊吓，错误的心理防御在瞬间崩溃，你就能重新说话了！这是行为矫正的一种手段，心理学上叫作'爆破疗法'。你看，效果立竿见影吧？你马上就会说话了。"

欣妍顿时愣住了,好半天回不过神来。

好一会儿,她才说:"我真的没患喉癌?你们是在骗我?"

我点点头说:"是啊,这是治疗的一部分,你看你的失声不是治好了吗?再说,你已经去了那么多医院的耳鼻喉科检查,不是都没检查出什么问题吗?"

欣妍"哎呀"一声,破涕为笑。

我说:"而且我查看过你的病历本,你在外院做的各项检查,已经排除了心脑血管疾病,否则,我也不敢随便使用这种疗法啊。"

欣妍心情很好。她笑盈盈地道:"我的癔症性失声好了,今后还得注意些什么呢?"

我说:"你有癔症型性格基础,平时要注意调整自己,否则一遇社会心理事件,可能又会出现其他方面的癔症性障碍,比如四肢或躯体的部分感觉丧失,如失明、耳聋、瘫痪、抽搐,等等。"

欣妍问:"那应该怎么调整呢?"

我说:"凡事想开一点,不要过分敏感,不要太多的猜疑,努力改善自己易受暗示的特点,宽以待人,胸怀宽阔,允许别人做别人,允许自己做自己,还要避免不良的社会生活事件的刺激,等等。"

欣妍有点担心,说:"那万一我要是遇事想不通时怎么办呢?"

我递给她一张名片,说:"那就找我吧!"

欣妍接过名片,高兴地说:"谢谢您!"

小黑屋

> 一个孩子在"成才"之前先是"成人"。董锐是网络成瘾综合征兼亲子关系障碍患者。他对网络的依赖源自逃避学习,而对学习的恐惧来自家长主导的不当的学习方式;他的亲子关系障碍,来自家长长期的否定式教育。

一

男孩名叫董锐,今年17岁,家住在J市,就读于市属某重点中学。

他从小特别聪明,学习上从来没让父母操过心,各门功课都是特优。但是进入初中之后不久,他的学习成绩一落千丈,多门功课不及格,而且上课没精打采,有时候干脆趴在课桌上睡觉。

他的父母就在他就读的中学工作,爸爸是学校领导,妈妈是骨干教师。自己的孩子变成这样,他们都觉得很没面子,于是从初三开始就请各科老师来家里补课,还送他到市里的培训班去学习。一个学期下来,毫无起色,董锐的成绩仍然是全班垫底,并且精神状态也越来越消极。他开始不做作业,不参加班级的例行测验和各科考试。

终有一天,早上起床之后,他对父母宣布,不再去学校上学了。

从此,他足不出户,整天在房间里玩电脑,打游戏。父母用尽了一切方法,又是责骂,又是奖励,又是恐吓,又是劝说,董锐丝毫不为所动,每天只做三件事:吃饭、睡觉、玩游戏。

父母无奈之下，找了班主任来做思想工作，找了同学来帮忙，找了亲戚朋友来哄劝，等等，他统统置之不理。

最后，他父母也顾不上脸面，到市里找了心理咨询师上门苦口婆心地悉心引导和谆谆教诲，结果还是没有用，他铁了心一般我行我素，就是不去上学。他父母彻底没招了，只能听之任之，眼看时间流逝，功课荒废得太多，只好替他办了休学手续。

于是，董锐从此堂而皇之地告别了学校，成了电脑游戏的"职业玩家"。

这一玩就玩大发了，董锐在家里一待就是两年多。

在这期间，他爸爸也想断了家里的网络，但是只要一提断网，他就会发疯，在家里摔玻璃杯、砸电视、敲柜子、撞门……总之遇到什么摔什么，把家里砸得一塌糊涂，闹得四邻不安、鸡犬不宁。

他父母听了某些教育专家的建议，采取惩罚措施。不给他零花钱，不给他买他爱看的科幻书籍，断了他平常爱吃的零食和饮料，也试着对他冷言冷语，结果他根本不在乎。不给零花钱，他就把桌椅拍得山响，高声叫骂，甚至还拿出菜刀来砍桌子。父母被他闹怕了，整天心惊胆战，只得恢复他的零花钱供给，玩游戏也只得由他去了，不敢再管。

从此，他不再出门，想吃零食、喝饮料了，就写字条命令父母去给他买；头发长长了，就自己拿剪刀对着镜子胡乱剪。再后来，除了上厕所、洗澡、喝水之外，他基本上不出自己的房间。一日三餐也是妈妈送到他的房间门口的板凳上，他想吃了，就拿进去吃，吃完了就把碗筷扔出来，也不准父母进他的房间。

有一次趁着他洗澡的机会，妈妈偷偷推开他的房门，只见他把窗户钉死了，还盖上一层黑布，若不开灯就是一团漆黑，伸手不见五指。打开灯，就见屋里乱七八糟，到处都是饮料瓶、零食包装、食物残渣和纸屑等垃圾，床上的被褥也是又脏又乱，衣服四处乱丢，揉得像烂菜叶子，又脏又臭……

二

于是，董校长找到我。

"王教授，请您千万救救我们的孩子！"董锐的妈妈秦老师满面悲戚地央求说。

我详细地询问了董锐的生长发育史、幼年生活环境、重大生活事件以及他的接受教育的经历等相关资料，心里已经基本有数了。

我说："秦老师、董校长，你们别担心，我先见见董锐，一定有办法帮助他走出来的。"

一周后，我驱车来到J市董锐的家中，正是晚上8点。我来到董锐的房间门口，只见房门紧闭，只有门下的缝隙漏出一线光亮。

秦老师跟在我的身后悄声说："他在呢，没有睡觉，每天这时候玩得正欢呢。"

我敲敲门说："董锐，我是医科大学的王教授，是你爸爸的朋友，这次来J市讲学，顺便看看你，请你开门好吗？"

屋里没有声音。我又敲敲门，提高嗓门把刚才说的话重复了两遍。好一会儿后，房间里传出一个不耐烦的声音："他们没有跟你说吗？我正在忙呢，没时间。我戴着耳机，听不清你说什么。"

我语气温和地说："我很久没有见你了，你可能早就把我给忘了，你小时候我见过你。今天晚上你什么时候有时间，我们聊聊好吗？"

屋里半天没有回应，我又提高嗓门重复了一遍。

屋里传出董锐生硬的声音："那你等吧，我要12点才会有时间。"

我说："好吧，那我就等你到12点。"

说罢，我就和秦老师回到客厅。

董校长迎过来说："这孩子一般都是在晚上12点之后才会出来洗澡、喝水，然后继续回去玩，一直到凌晨3点才睡觉，直到第二天中午才会起床吃东西。"

12点过后不久，董锐的房门开了，一个瘦长的身影闪进客厅。只见他脸色苍白，头发几乎及肩，凌乱而蓬松，衣服皱皱巴巴的。

我给董校长和秦老师使了个眼色，示意他们离开。

待他们回到卧室后，我招呼董锐坐下，说："董锐啊，我们差不多10年没见面了，你长大了，有15岁了吧？个头都超过你爸爸了！"

董锐讪讪地答应着坐在我身旁的沙发上，看得出来，他很意外我会等这么久。

我随意地问："在玩什么呢？"

董锐说："跟几个男生玩互动游戏，就是'王者荣耀'和'绝地求生'之类的，有时候也玩玩足球。"

我说："听说网络游戏中的装备很贵，凭技术晋级很不容易。"

"我用自己的压岁钱买装备，有时候也跟他们要钱买。"董锐朝着父母的卧室方向努努嘴。

"课余时间玩玩网络游戏倒也没有什么。"我摸摸他的肩膀说，"只是你的脸色这么苍白，身体也这么消瘦，头发也乱糟糟的……"

董锐沉默了一会儿，说："他们没有告诉您吗？"

我摇摇头说："没有啊，告诉我什么？"

董锐冷冷地道："我很忙的。我要去洗澡了，然后还要接着玩游戏。"

我说："都这么晚了，你还玩啊？"

董锐没有说什么，起身离去。

秦老师从卧室里出来说："对不起，王教授。这孩子自从迷上网络游戏之后，对人越来越没有礼貌。前次他们班主任来看他，他连门都没开；上次那个心理咨询师来找他，他直接就把人家给轰走了。"

我微笑着说："没事，都在我的预料之中，他已经有所触动，明天中午我再来。"

第二天中午，我来到董锐家的时候，董锐正打开房间门拿午饭，看到我，他愣了一下。

我说："董锐啊，我又来了，下午我要回省城了，你吃完饭，我想跟你聊两句。"

董锐迟疑了一下，说："好吧。"

他吃完饭来到客厅。我跟他聊起了他所喜欢的科幻、悬疑、足球和军事类话题……他对我的防备渐渐松懈。

他突然说："我已经在家里两年了，早就不读书了，他们肯定已经把这些告诉您了。我知道您是他们请来说服我读书的，但是，我不会再回学校的，您不用再劝说我了。"

我说："我没有想要劝你回学校读书，只是，你的年纪这么小，初中生，你能干些什么呢？"

他恨恨地说："我什么也不干，就是一直玩游戏，玩一辈子！"

我笑笑说："你玩一辈子游戏很好啊，可是，要是你的父母老了、死了怎么办？谁来供养你？"

他大声说："他们死了，我也去死！反正我早就不想活了。"

我说：“你为什么对你的父母这么大的意见？他们生你养你也很不容易的，即使有什么过错也是为你好，可怜天下父母心呀。"

"父母心、父母心，表面上是为我好，其实很歹毒的！"他愤愤地说。

我心想：果然不出所料，痴迷网络游戏的下面，隐藏着亲子关系障碍。

于是我说："父母怎么会对儿女'歹毒'呢？他们对你做了什么，引起你这么大的怨恨？"

董锐的嘴动了动想说什么，话未出口双眼泛红，泪水滚落，失声痛哭。

我没有说话，只是轻轻地拍着他的肩背。我知道，他压抑了太多的负面情绪需要宣泄。

三

哭了好一会儿，董锐才慢慢平静下来。

他说，他在小学阶段学习成绩一直很优异，每次班级测验和期终考试，他的成绩都在前5名。可是妈妈并不满意，总是对他百般挑剔，不停地各种批评和指责，说他这也不对，那也没做好，等等。更可恨的是，妈妈还会找来各种奥数竞赛题和语文、英语测试卷让他做。在他看来妈妈整天变着法刁难和折磨他，只要他做错了题，妈妈就不停地责备和批评他。有一次他解错了一道数学题，妈妈就罚他再解60道难题……

就这样，他越来越害怕做作业，每天一拿起测试题，两耳就会嗡嗡叫，有时还会头晕目眩想呕吐。

他向爸爸求援。爸爸不但不安慰他，反而认为他在装病，要妈妈布置更多的试题来磨炼他。因此，他经常在深夜里缩在被窝里哭泣，甚至想到了自杀……

就在他觉得走投无路的时候，学校里来了中专学校的招生老师。听他们说，只要有意愿，所有初中毕业生都可以免试进入中专读书，读完中专后还可以继续升入高职高专学习，这样，不用参加高考就可以读大学了。听了招生老师们的介绍，他就像溺水的人遇到了救命的稻草。

当天晚上回到家，他就向父母提出要读中专，还把招生老师说的读中专的种种好处详细地跟父母说了，谁知他们听完之后铁青着脸。

爸爸说："我的儿子居然会读中专，叫我怎么有脸去见父老乡亲？"

妈妈也咬着牙说："董锐，你不要痴心妄想！你给我老老实实地认真学习，你必须读高中，参加高考，正正经经地考大学。我和你爸爸都是本科生，我们家绝对不能出中专生！"

董锐完全绝望了。他觉得自己的面前就是万丈悬崖，而父母硬是要逼着自己往下跳，他恨死了他们！

想了几天后，他决定不再听他们的摆布，于是向他们宣布不再去学校读书，发誓绝不迈出家门一步！从此他足不出户，待在家里玩起了网络游戏……

四

我跟董锐谈过之后，把获得的这些信息与董校长夫妇交流。

他们沉默了一会儿，秦老师说："董锐的心思我们都知道，他其实完全有能力通过中考，考上省城的重点中学。他就是想偷懒，就是害怕困难，就是没有自信心。"

我说："我不认为董锐是个懒惰的孩子。他过去成绩那么好，学习也很自觉、很努力，为什么现在不行了？为什么会没有自信？"

我接着说："孩子求知的过程本来充满了好奇和兴趣，而你们把它变得枯燥无味，让孩子充满了苦恼。并且对他可怜的一点点课余时间也不放过，千方百计地用各种稀奇古怪的试题，对他进行折磨和刁难。学习在董锐的面前变成了极端痛苦的事情。你们想想看，在学校和你们的双重压力下，他怎么能够坚持下去？"

董校长说："现在不都是这个样子吗？家长们对孩子的要求也都很严，为什么别人家的孩子能够坚持下去，而董锐会垮下来呢？"

"现在垮下来的孩子很多，你在重点中学当校长应该比我更清楚，因病退学、休学的学生逐年升高，患上心理障碍和精神疾病的孩子也愈来愈多，甚至因此自杀和企图自杀的孩子也不鲜见。"

我继续说："不错，大部分孩子还是能够熬过这几年的，董锐之所以熬不住，最主要的原因就是来自你们的额外而巨大的压力，是你们把他逼到了绝路。幸亏这孩子很倔强，敢于跟你们对抗，否则他说不定已经放弃生命了。"

"有那么严重吗？"董校长夫妇显然十分震惊。

"当然。"我说，"每年找我求助的孩子们何止上千，董锐的情绪状态很不正常，在言谈之中，常常流露出消极和厌世的心态，我们必须引起警觉。"

"那我们该怎么办呢？"秦老师有些慌张。

我说："现在你们要做的事就是：首先，对于他玩游戏不必介意，也不要焦虑，听之任之，让他去玩，这样他就会逐渐放松抗拒，不再敌视你们。其次，在生活中给予温暖，积极关心他的饮食起居和冷暖，不要灰心，不要指责，让他感到温情。最后，同意他读中专，通过中专可以直升高职高专，而高职高专中的优等生可以由校长推荐免试升入二本大学读书，这样照样可以读本科。"

董校长面露难色。

秦老师说："通过大专院校的校长推荐读本科，虽然也是本科，但毕竟不那么理直气壮，我们还是希望王教授能够说服他回去读高中，参加高考，正正规规地靠着自己的本事读本科。"

我摇摇头，心想：真是不见棺材不掉泪啊，都什么时候了，还是死要面子！

于是我说："那就这样吧，这次咨询就先到这里，下次再约。"

五

两个星期之后的一天上午，我正在给研究生上课，一个电话打进久久不停。

一接通，就听到秦老师因十分焦急而颤抖的声音："董锐失踪了！"

她说：几天前，她和董锐爸爸商量了很久，决定跟董锐谈一次。他们挑了一个周末的晚上，她特意做了几个董锐爱吃的菜，吃饭时，好言好语叫了许久，董锐才勉强地出房间吃饭。在饭桌上，她委婉地劝说他放弃读中专的念头，董校长也说了许多读中专的弊病。他们本来想看看董锐的反应再决定是否劝说他回去继续读高中，可是还没等他们把话说完，董锐突然起身跑了出去。原以为他会回来睡觉，谁知他竟一夜未归，第二天晚上也没回来，这可把他们夫妻俩吓坏了。过去董锐吵是吵，闹是闹，从来没有离家出走过。这次突然失踪，而且他什么都没拿，口袋里也只有二十几块零钱，亲戚朋友家都找遍了也不见踪影，他两年多没上学，同学们几乎都不再来往，肯定不会到同学家去，他会到哪里去呢？会不会自杀了呢？或者被坏人骗了去，割了器官卖钱也说不定。夫妻俩越想越害怕，准备报警。董校长说先问问王教授吧，于是秦老师火烧眉毛地拨了我的电话。

秦老师带着哭腔说："王教授，您快来吧，救救我们！"

我赶到J市已经是当天晚饭时分，秦老师家里坐满了亲戚朋友，气氛非常凝重，男人们使劲抽烟，整个屋子都被烟雾笼罩着。

一见我进屋，秦老师连忙说："王教授，快帮我们分析一下吧，董锐能到哪里去呢？"

我问："他过去要好的同学和亲戚朋友家都找过了吗？"

秦老师说："全部找过了，大家都说没有见过他。全市的网吧也都找过了，还是没有。"

我对大家说："你们不必着急，按照他对网络的依赖程度，最有可能还是在网吧。他没带衣物，口袋里的钱也不多，走不远的。根据他这次与父母冲突的情况分析，基本上可以排除自杀的可能，而且，董锐已经长大了，懂得如何躲避危险，你们放心吧，他不会有事的。"

我又对董校长说："你们还是请警方协助排查一下，通过他的网络游戏账号，可以迅速找到他登录的所在地点，很快就能找到他。我估计他最大的可能是在某个城中村的网吧里，因为他在和你们对抗，他不愿意这么快就被你们找到。你们最不该的就是试图逼迫他回学校读高中，他非常畏惧那样的环境，那是他的死穴。"

董校长出去打电话。一会儿工夫，他进来激动地说："找到了，找到了！正像王教授说的那样，董锐在栗塘城中村的一个网吧里打游戏呢！网络警察本领超强，我刚把董锐的游戏账号发给他们，他们几秒钟就搞定了！"

秦老师高兴之余又有点担心："他要是不肯回来怎么办呢？这孩子脾气很犟。"

董校长说："只好请王教授亲自出马了，相信董锐会听王教授的。"

我把他们夫妇俩请到书房里，说："这次请你们务必听我的，不要再强迫董锐回去读高中，他不会接受的。心理咨询的支持原则就是支持求助者的各种心理需求，还有接受原则、肯定原则等，而这些都是为最后的引导原则服务的。为了引导董锐走出误区，我们必须支持他的选择。更何况，读高职高专也不是一件耻辱的事情，两年中专加三年高职高专，再加两年专升本，不过七年而已；如果读三年高中再加四年本科，同样也是七年，两者相比，一点也不耽误时间。

"一个人成功的条件有很多，一是智商，二是情商，三是创造性思维，四是冒险精神，五是机遇等，缺一不可。北大和清华每年的毕业生成千上万，事业有成的有几个？你们希望董锐光宗耀祖可以理解，但现在的关键不是'成才'，而是'成人'，董锐现在已经是网络成瘾综合征兼亲子关系障碍患者，他对网络的依赖源自逃避学校的学习，而对学习的恐惧来自你们主导的不当的学习方式；亲子关系障碍，则来自你们长期的否定式教育。当务之急是消除他的病态行为，治好疾病，绝不是什么家长的面子和人前夸耀的资本！"

董校长夫妇相视无语。

秦老师恳切地说："我们知道错了，从董锐离家出走的那天晚上，我们就彻底想明白了，再这样下去，孩子都可能失去，更不要说什么家长的面子了！我们一切听您的，我们要孩子，不要面子。"

我在警察的陪同下来到栗塘城中村的一个网吧，很快就找到了董锐，他正在玩古装砍杀游戏。见到我和两个警察，他有点吃惊，但很快就恢复了常态，只顾自己玩游戏，把我们晾在一边。

我示意两个警察退出去，然后和颜悦色地对董锐说："现在全家人都在为你着急，你奶奶八十多岁了，那么大的年纪还跟着大家一起去外面找你，万一摔了、碰了怎么办？还有你，如果上当受骗了怎么办？"

董锐不吭声，继续玩他的游戏。

我又说："我已经跟你父母谈过了，他们承认，强求你去读高中是不对的，也认识到你目前最好的选择就是去读中专。"

董锐鼻子里"哼"了一声，冷冷地说："晚了！他们现在才同意我去读中专，已经太晚了。当时我是怎么哀求他们的？现在我已经下决心玩一辈子游戏了，我就是要他们一辈子难受！就是要让他们一辈子没脸见人！"

我笑笑说："董锐，你在我面前发狠有什么用？我又不是你的亲人，我才不会着急呢！再说了，我也不是你的传声筒，你应该对你的父母当面发狠。现在的问题是，你离家出走已经两天多了，吃住在网吧很不方便吧？没有家里舒服吧？你口袋里的钱也用得差不多了吧？怎么样，你还不想回家吗？如果你坚持不回去，我马上就走。"我站起来准备离去。

董锐犹豫了一下，也站起来说："我干吗跟您过不去！他们生了我就要养我，我回去继续让他们难受！"

从J市回来一晃又差不多一个月了，这期间秦老师也不断打电话报告董锐的情况，说他还像过去一样每天闷头玩游戏，但是，慢慢地开始上桌吃饭了。

我问:"他说了什么没有?"

秦老师说:"他依旧不言不语,只是有时候会对我们察言观色。"

我说:"非常好!就这样下去,他不说,你们也什么都不要说,就这么闷着。"

秦老师叹道:"像这样下去,什么时候才是个头啊?"

我笑道:"你别急,既来之则安之。董锐现在很想念我啊,他一定有什么话想对我说呢。"

秦老师问:"那我们该怎么办呢?"

我说:"你们等我的消息,让他再着急几天,过几天我会去看他。"

六

当我第三次来到 J 市,没有打招呼就径直去了董锐家。这次他没让我久候,我在他的房间门前一敲门,他听见我的声音很快就打开门,脸上居然挂着几丝笑容。

我笑着问董锐:"怎么样啊?心里很想我吧?"

董锐问:"您找我有事吗?"

我说:"这话应该我问你,是你想要找我啊。"

他有点尴尬地说:"您怎么知道我想找您?"

我微笑道:"因为我是心理学家呀,你的心思、你父母的心思,我全知道。"

"我想问您,"董锐想一下,说,"我现在还能去读中专吗?"

"当然可以啊!"我说,"你不是初中毕业了吗?你有初中毕业证就可以免试入学了,现在已经是 8 月份了,暑假一过,你就可以入学了。"

董锐犹豫了一会儿，说："可是，我的游戏晋级还没有完成呢，能不能给我两个月的时间，等我先完成晋级再说？"

我笑了："董锐同学啊，我没问题，可以等你，但学校不会等你的呀，到了时间就得开学，要不然就要等到明年夏天了。"

董锐说："明年就明年，等我再玩一年游戏也行。"

"'明日复明日，明日何其多，我生待明日，万事成蹉跎。'"我说，"这首诗说的就是你这样的人。你已经在家里玩了两年了，学业荒废，隔绝社会，昼夜颠倒，过着醉生梦死的日子，这么大好的青春时光，你就这样糟蹋了，你不觉得痛心，我为你痛心啊！你拒绝上学，原来是为了对抗父母在学习上给你施加的种种压力，但是最终受到伤害的却是你自己。现在你父母已经认识到他们的错误了，他们也愿意改正，你为什么不见好就收呢？你是个聪明的孩子，要懂得适可而止！"

董锐沉默了，没有再说话。

我知道他放不下对网络的依赖。网络依赖综合征一旦形成，是不容易消除的，像董锐这种情况，也不可能指望他能够主动配合，实施行为矫正疗法，唯一的办法就只有巧妙地、渐进性转移他对网络的专注，继而中断网络，不给他上网的机会，并且配合药物治疗，在度过一段焦虑、烦躁的日子之后，他就会逐渐回归正常。

董锐的父母犯了难，担心一旦断了网络，董锐又会寻死觅活，面面相觑，不知如何是好。

我劝他们不要着急，慢慢等待机会。

"现在董锐已经对我产生了信任，对家长也不那么反感了，你们乘机可以先把他引出家门，让他多一点时间接触社会，可以带他走亲访友，到超市购物，到书店购书，逛动物园或植物园，给他买只宠物来养，教他玩花鸟鱼虫，等等。总之要让他的兴趣爱好广泛一点，分散他的注意力，这样他就不会纠结于网络游戏了。"

接着，董锐的父母按照我给的方法，试着引导董锐走出家门。董锐偶尔也跟着爸爸出去吃饭或者走亲戚，逛书店，逛花鸟市场，还买了一只八哥回来养，每天兴致勃勃地教八哥说话，渐渐也减少了上网的时间，但是仍然断不了上网打游戏的念头。

一天，他突然提出来要到省城来看我。他父母喜出望外，立刻安排行程。

他们抵达的当天上午，因为我一时抽不出时间接待他们，爸爸就带着董锐在附近的大学校园里闲逛。临行时秦老师反复交代，要爸爸带儿子到大学校园里走走，让他感受一下校园气氛，跟他好好聊聊，让他对大学校园产生憧憬，触动他回学校读书的念头。

中午时分，我刚刚忙完公务，就接到董锐爸爸打来的电话。

他心急如焚地说："董锐跑了……"

原来董校长带着董锐在校园里散步，见他心情不错，就开始絮絮叨叨地说教，说读高中如何如何好啊，能像这些哥哥姐姐一样，考上这样的大学多好啊，自己争气，父母脸上有光，将来也会出人头地，有出息，不像职业院校的学生们那样，将来只有当打工仔，云云。

董锐越听脸色越不好看，终于丢下他爸爸转身跑了。他爸爸着急地不断打电话他也置之不理，无奈只好向我求助。

我发了个手机短信给他："我是王教授，我在你下榻的宾馆房间里等你。"

我和董锐爸爸在宾馆房间里等了一个小时，董锐慢吞吞地回来了。

进了房间，还没说上几句话，董锐就咬牙切齿地对爸爸说："你回去跟妈妈说，如果你们再敢和我说读高中的事，我就拿把菜刀把你们砍了，我再去给你们偿命！"

董锐爸爸吓得不敢再吭声，只是看着我。为了缓和气氛，我把话题岔开，跟董锐聊了一些省城的风景、名胜、天气、交通等无关痛痒的话题，然后带着他参观了学校的图书馆和网上阅览平台，并请他在我的实验室观看了研究生的实验课，看了一部美国的心理教学 3D 影片，等等。

看到董锐的情绪渐渐平静。

我说："董锐，你的焦虑情绪比较明显，很容易被激怒，我想给你开点抗焦虑药物和情绪稳定剂服用。吃了之后，你的状态就会好很多，可以吗？"董锐默默地点点头。

同时叮嘱董锐爸爸说："董校长，我再次提醒你和秦老师，今后请不要再对董锐提读高中的事，不要好了伤疤忘了痛！"

此后的发展很顺利，董锐按嘱服药，定期上省城找我做心理咨询，开始是由爸爸陪着，后来就自己一个人来。他对我也愈来愈信赖，他父母也不再提读高中这件事。

后来我又介绍董锐看了一些科普书籍，并送了他几本我写的心理学方面的普及性图书。慢慢地，董锐对网络游戏的依赖性越来越小。这时恰逢他们家的网络缴费到期，他妈妈借故停了网络。董锐一度着急，欲对妈妈发脾气。他妈妈又假借出差，到外地住了二十几天。董锐有气没地方撒，只好每天躺在床上看书。

有一天实在无聊了，终于给我打电话说："王教授，我在家里实在熬得难受了，您说的那个中专，我什么时候能去读啊？"

我心中窃喜：小家伙，我等的就是你这句话啊！

我说："你不要着急，夏季入学已经错过了，现在又要接近年底了。

你现在要读，只能插班跟读，正式入学要等到明年夏天呢。"

董锐焦急地说："还要等那么久呀！我都要变成老头子了。"

我说："这事急不得，我先联系一下各个高职高专。首先要看他们有没有中专部，其次看看他们收不收插班生，第三，还要看看他们有没有你喜欢的相应专业，等等。没那么简单的啊。"

董锐无奈地说："好吧，我等您的消息。"

这样，我又拖延了一个多月，眼看快到春节了，我又借故放寒假而一直拖着不让董锐如意。这期间他不断地打电话来小心地探听消息，我总是敷衍了事。直到春季开学，我才帮董锐找了一个各方面符合要求的学校，让他插班学习。

七

入学的那天，我把他送到学校，安排好就读班级和食宿，并和辅导员老师接洽好，鼓励董锐好好学习，有事随时联系我，等等。

董锐入学后，学习很认真，与同学们的关系也处理得挺好，一直没出什么差错。老师对他也很满意，还把他吸收进学生会，当了干事，班上同学也选他担任了生活委员。

董锐每月来医科大学找我聊一聊，把自己的一些压力和困惑带过来疏解，我也继续耐心地帮助和引导他。

暑假过后，他正式入学，选了计算机应用专业，他越来越阳光，学习成绩也越来越好。

大家一定很关心董锐后来的情况。他最后通过高职高专升学考试，进入了一所他喜欢的本科院校，就读了计算机应用技术专业……

否定式教育

> 她敏感多疑，缺乏自信，喜欢察言观色，很在意别人对自己的评价，凡事追求完美，内向而不善人际交往，等等。这种性格的形成往往来源于否定式家庭教育。
>
> 心理咨询可以对患病机理进行逐层剖析，了解问题产生的原因，再进行有效疏导。

一

我在某大学担任心理行为辅导中心主任期间，遇到过一件令我感慨不已的事情。

4月26日的上午，药学院的辅导员秦静来电话，说她奉领导之命，请我为药学院的潘蕾同学安排心理咨询。我欣然答应了，并安排了接待的时间。

到了预约的时间，潘蕾独自一人前来就诊，我热情地接待了她。我先用开放式提问引出她的问题。她眉头紧皱，开始向我倾诉。

她在高中的时候与一个同班的男生相恋，因为感情过于投入以致影响学习成绩，本来成绩不错的她，结果只能到本科院校的高职专业来读书。学药品营销专业也非她所愿，而是她父母要求的，因此，读药品营销专业后，她一直郁郁寡欢。与那些考上本科院校，甚至重点院校的同学相比，她深感自卑，再加上她不喜欢自己的专业，性格又偏内向，所以入学之后处处感到不顺心，跟同学们相处得也不太和睦，几乎没有交上一个要好的朋友。

同时，她与男朋友的交往也渐渐出现了问题。男朋友考上了辽宁某学院，他们分隔两地，只能靠 QQ 和微信联系。因为思念他，又因为心情不好，他们经常在网上、电话里争吵，分分合合也闹了多次。终于有一天，男朋友彻底不理她了，她不顾一切地旷课，千里迢迢去东北找他。她因为没有请假，擅自离校，违反校规，回来后遭到学校的纪律处分，被记过一次。

此后她更沉默了，经常独处，时常会出现心慌、害怕、忐忑不安的感觉，有时还会跟同宿舍的室友发生矛盾。

不久，她又跟远在上海读书的一个闺密，因为一张电话卡而发生了争执，两人也闹得很不愉快，导致闺密也不愿理她了。她感到很失落，心情更加沮丧，又出现失眠，没有食欲，几乎有些绝望了。她也多次找辅导员老师寻求帮助，但是无济于事。最后在辅导员老师的要求下，来心理行为辅导中心求助。

二

潘蕾在诉说的时候，我一直在接受、肯定、支持她，但我也发现，她的性格有些弱点。比如，她有些敏感多疑，缺乏自信，喜欢察言观色，很在意别人对自己的评价，凡事追求完美，内向而不善人际交往，等等。

这种性格的形成往往来源于幼年时期家庭教育的缺陷。于是，我追溯了她幼年时期的心理成长史。

潘蕾的家教甚严，父母对她管束很严格，经常批评和责备，极少鼓励和赞许。这样的否定式家庭教育，自然会造成孩子从小缺乏安全感，经常自责，对人际交往缺乏热情，多愁善感等。

潘蕾的性格本身就有弱点，又加至出现了高考失利—专业不理想—感情发生危机—违纪被处分—与女友产生纠纷—跟室友不和……一系列的负面生活事件使她的心理失去平衡，从而出现了障碍。

紧接着我对潘蕾患病机理进行逐层剖析，慢慢地向她解释她的问题产生的原因，使她对自己原本无意识的问题逐渐意识化，从而产生深层次的认知，促使她放弃消极的心理防御，恢复积极的心态，萌生了融入集体的动机和行为。

这期间，因为一位外校的男生前来求助，我做了接待和初步处理，耽搁了一些时间。这样，潘蕾的第一次咨询历时约1.5个小时，情绪平稳，心情明显改善，轻松地离开了咨询室。

之后，我收到她发来的手机短信："王老师，您好！我是刚才请您做心理咨询的那名药学院学生，我叫潘蕾。很高兴和您进行交谈。谢谢您百忙之中帮助我。"

我回复道："不用谢，这是我应该做的，你会走出困境的。"

潘蕾又来短信说："嗯嗯。谢谢您，王老师。工作忙，记得一定要按时吃饭休息一下哦。中午和您交流都超过时间了。抱歉呀。"

三

我对她的诊断是：适应性障碍（混合性焦虑抑郁反应）。

诊断依据：1. 患者存在一定的性格缺陷；2. 有明显的负面生活事件为诱因；3. 存在抑郁、焦虑情绪，并出现行为退缩，回避社交，睡眠不佳和食欲下降等症状；4. 出现焦虑症的部分症状。

处理意见：1. 支持疗法配合心理疏导，建议每周一次心理咨询，预计需要4~5次；2. 药学院的老师和同学们配合给予充分的情感支持和生活方面的关注；3. 生活中，指导患者转移关注方向，消除负面情绪，积极寻求感情支持；4. 必要时，使用抗抑郁药物治疗。

四

第二天下午，我又收到潘蕾发来的手机短信息："王老师，下午好！我是昨天上午找您咨询的学生潘蕾。我想再预约您的时间。您明天下午有空吗？"

我的眼前仿佛出现了潘蕾那一双充满期待的眼睛。

第一次咨询时，因为接待了外校学生，我对潘蕾只做了病史追踪、问题分析和简单的疏导，没有进行深层次的引导和帮助，为了巩固疗效，于是我就答应了。

第三天上午，药学院的辅导员秦静突然请求我当天下午接待潘蕾的父母，要我跟他们谈一下孩子的问题。我说下午4：30已经约了潘蕾做咨询，不方便见她的父母。但考虑到给潘蕾治疗也需要家庭的配合，于是就安排在给潘蕾咨询前接待她的父母。

下午3：30许，潘蕾的父母如约来见我。我耐心地对他们分析了在潘蕾幼年时期的心理发育过程中，家庭教育的错误与孩子性格方面的缺陷，以及这两者之间的因果关系，并请他们多给潘蕾无条件的感情支持与关爱，帮助她度过心理危机，等等。

潘蕾的父母非常感激。事后潘蕾的父亲给我发来短信息，说："王教授您好！我是潘蕾的父亲。感谢您对我女儿的开导和帮助，那么细心周到，我都感到我女儿更加自信了。下次我去学校还能见您吗？我听了您的指点，经过自我反思，感觉自己以前真的不是个称职的父亲……我再次感谢您！"

下午 4:30，潘蕾开始了第二次咨询。

这一次，我向她逐一分析了她的负面生活事件形成的原因，指导她今后怎么处理类似的问题，并充分肯定她的道德评判体系，肯定她自身的优点和长处，鼓励她尝试改善人际关系，教她学会自我减压的方法和手段，还建议她多交一些同性和异性朋友，寻找感情寄托，寻找快乐，走出困境。

我说："一个人能来到这个世界上，完全是一个非常偶然的机会，几千万兄弟姊妹同时竞争一个卵子，你成功了，因为你是强壮的、优秀的，同时也因为你是幸运的，几千万分之一的机会让你得到了，你发育成了一个鲜活的生命。你父母为了能够让你长大成人，呕心沥血，万分辛苦，而你自己也是历尽病患、各种磨难。现在终于长大了，多么不容易！你难道为了跟你那极其珍贵的、有幸成为生命的机会相比显得那么微不足道的烦恼，就放弃人生吗？烦恼都是暂时的，疏解烦恼的方法有无数种，你为什么不去尝试一下呢？

"没有快乐，就没有希望，就没有生活的欲望。心理学的健康生活观里有一个重要的原则，就是'快乐原则'。我们想要健康、顺利地成长，就要千方百计地寻找快乐，有了快乐，就会有积极的生活态度，就会有勇气去承受更多的痛苦和磨难，甚至会笑看人间冷暖、世态炎凉。所以我们一定要无原则地让自己快乐——只要这种快乐不是建立在别人的痛苦之上，只要这种快乐不违反法律，没有冲破道德的底线就行。

"获得与失去，常常是瞬间的事，我们都要珍惜自己、悦纳自己。你还很年轻，今后的路还很长，你会慢慢地成熟起来的。而且性格上的问题并不一定不可改变，当它影响到你的生活和学习，并给你带来痛苦的时候，你就要努力修正它。另一方面，性格上的所谓弱点有时候也不一定就是问题，比如有点偏执的人，更能忍受艰难困苦，更执着，也就更可能成就事业；有点强迫症的人，虽然追求完美，但做事一丝不苟、井井有条，最适合做科研及实验室工作；内向的人，感情细腻，对事物体验深刻，注重细节，因而也就感情比较专一，比较珍惜友谊，不容易朝三暮四；有轻躁狂倾向的人，常常演讲才能出众，有动人的号召力和个人魅力，等等。"

最后，我还教给了潘蕾一些应对挫折、消除困惑、减轻压力的具体方法。

18:15，当潘蕾走出咨询室的时候，已经是眉眼含笑，满面春风了。

18:23，她发给我一条短信息："王老师，衷心感谢您的开导！在我几乎是绝望的时候，您这么耐心地听我诉说内心的苦恼，同我心与心沟通，让我重新充满自信，真的很感激您！希望下一次见面的时候，我能有更多的改善。

"刚才经过图书馆的路口时，有人骑电动车摔倒了，我很热心地上去扶起她。这事如果发生在过去，我会只顾自己走开。我曾经对整个世界都满怀怨恨，是您让我改变，也许我真的还没有到无药可救的程度。王老师，我能和您做朋友吗？很巧合，我妈妈和您同姓，您给我第一感觉很亲切。我能称呼您王叔叔吗？呵呵……请原谅我的无礼请求。"

我回短信息说："谢谢你对我的信任！很高兴能成为你的朋友，我很愿意你是我的小侄女，你是一个善解人意的好女孩，你一定要努力，你会有一个美好的前程的！"

潘蕾回短信息说:"嗯嗯,会的。谢谢您,王叔叔!您吃饭了吧?刚才我爸爸突然打电话来说他和妈妈来看我了。我现在要和他们去吃晚饭,挺高兴的。"

我回复道:"你的爸爸妈妈是真正深爱你的人,你要好好珍惜,不要辜负他们对你的期望。"

21:11,潘蕾回复:"嗯嗯,王叔叔,我刚刚送他们去搭车了。今天和您聊完天,爸爸妈妈又意外地来学校看我了,我真的觉得挺开心的,心里暖暖的。谢谢您!"

我回复说:"现在拥有的要懂得珍惜,已经失去的要学会放弃,不必追悔往事,心中永远憧憬着未来,你的未来就会一片明媚。"

22:00,潘蕾回短信息说:"嗯。我会好好珍惜现在所拥有的一切的。今天是这么久以来最开心的一天,因为和您畅快而深入地进行交谈,您一直耐心地倾听我心中的不满和委屈,还有爸爸妈妈也来看我。仔细想想,我应该感到庆幸的,有一直关心我的父母,虽然他们的方式有时候真的有些严厉,但我知道他们是为我好。还有您,现在除了父母,唯一能依靠的人就只有您了。呵呵……我会慢慢地站起来,不辜负父母和您的期望!"

五

5月6日晚上,学院由于种种考虑还是决定让潘蕾父母把她带回家去看病,并申请休学。

我感到深深的惋惜。我不知道这期间发生了什么变故,使得我不能再替她做心理咨询,为此我深感遗憾,但又无能为力。

从此，这个叫潘蕾的女孩就从学校里消失了……

否定式教育容易让孩子产生自卑情绪，在心中形成"我不行""我很糟糕"的心理暗示。久而久之，她没有自我认同，没有目标追求，没有思想尊严；一旦被否定，一旦遇到挫折，就会觉得自己实在太糟糕，做什么都不行，失去生活的目标。

柳暗花明

> 苦难对于苦难的承受者来说，也许不是不幸，而是一种有益的磨炼。遭受连续不断的负面生活事件或集中、强烈的生活打击后，及时进行心理疏导是非常有必要的。

一

有一次，我应邀去一个大学做心理讲座，讲座定在晚上7点开始，为了赶时间，我提前半小时到了校门外的麦当劳餐厅，准备吃个快餐再去会场。

我买了份西式快餐，正在享用，突然有人在我肩膀上重重地拍了一记。一回头，我看见一个小伙子灿烂的笑脸。

"王大夫，您不记得我了吗？我是强生啊！刘强生啊。"来人笑眯眯地对我说。

"刘强生？"我迅速在自己的记忆库中搜索。片刻，我想起来了，这个小伙子，在两年前几近崩溃，提包里藏着安眠药来找我做心理咨询，准备咨询不成功就服药自杀……

"你现在怎么样了？"我问。

"您看，"小伙子指着不远的一个容貌姣好的姑娘说，"那是我的女朋友。"那个女孩子笑着向我们挥挥手。

"好啊!"我笑道,"祝贺你找到了心仪的姑娘。"

刘强生诚挚地说:"真的要感谢您啊!前年的这个时候,如果没有您的帮助,我可能早就不在这个世界上了……"

二

那一天,我刚刚打开心理咨询室的大门不久,就见一个不修边幅、神色憔悴的年轻人摇摇晃晃地走了进来。他一进来,就抱头坐在椅子上,声音低哑地说:"王大夫,我不想活了。"

他就是刘强生,想死的念头已经持续一个多月了。他买了一瓶安定片,准备在圣诞节晚上自杀。头一晚不经意收看了我的《情感心理访谈》电视节目,心里又燃起了一线希望,于是,带着安眠药来找我咨询,如果解决不了问题,他就不打算活了。我问他到底遇到了什么问题?他沉重地叹了一口气说起了他的故事……

那年他24岁。

一年前,他大学毕业,为了爱情,跟着女朋友从外地到本市工作,受聘在一家国企做一名小职员。收入虽不高,但基本够租房和生活开销的。

女朋友的父母亲都是政府公务员,有点瞧不起刘强生,但是女朋友跟刘强生的感情很好,发誓非他不嫁。

刘强生有个小他3岁的弟弟,在弟弟刚出生那年父亲就因病去世,母亲带着他们兄弟二人改嫁。继父对他们兄弟二人很好,拿他们当亲生儿子一样看待。在继父的照顾与呵护下,他们兄弟健康成长,心里没有留下阴影。

在刘强生刚进入大学那年,继父因为一场经济官司被判入狱10年,家里失去了经济来源，日子过得很艰辛。

整个大学期间，刘强生都是在勤工俭学中度过的。但他长得阳光帅气，学习成绩出类拔萃，是学生会干部，又懂得艺术摄影，所以很受女孩子青睐。他的女朋友就是在一次人物摄影大赛中认识的。在那次大赛中，刘强生的作品荣获了一等奖。

有了女朋友的支持，刘强生觉得日子不再苦涩，前景充满了阳光。他盼望早点毕业，跟女朋友一起奋斗，去开创他们幸福的未来。

就在他刚找到工作，憧憬着未来的时候，一场飞来横祸又一次袭击了他们家：正在读大一的弟弟，因车祸左大腿骨折。为支付弟弟的住院费用，刘强生向公司借了钱，又请了假去照顾手术后的弟弟。

两周后，当他疲惫不堪地回来时，女朋友跟他的关系又出现了裂痕。女朋友认为他有意忽略自己，整天就围着工作和家人转，很少陪自己，也从来没给自己买过东西，哪怕是一件不值钱的衣服，等等。

其实女朋友是在找借口，由于父母的不断反对，女朋友曾经坚定的立场也在发生着微妙的变化。

当时的刘强生真的太穷了，每月2600多元的工资付了600元的房租，给妈妈寄800元，剩下的1200元刚刚够伙食费，根本没钱请女朋友吃饭和看电影，哪里还有钱给她买衣服？买房子更是天方夜谭了！

借着一次吵架，女朋友提出了分手。

女朋友的事还没有解决，刘强生的妈妈又出事了。弟弟的骨折熬了3个月，刚刚能够走路，妈妈又被检查出患了晚期胃癌。

当刘强生接到弟弟的电话时，仿佛一个晴天霹雳在耳边炸响！他惊呆了，半天回不过神来。他顾不上悲戚，急忙找同事借了钱，向公司请了长假赶回家。

刘强生发现妈妈又苍老又憔悴，50岁不到，看上去就像六七十岁，白发苍苍，满脸的皱纹。他抱着妈妈，热泪纵横……

三

刘强生的妈妈在与绝症苦苦抗争了4个月之后，终于留下一身债务撒手而去……

料理完妈妈的后事，刘强生拖着精疲力竭的身体，回到公司。但不久，公司因资不抵债，被合资企业兼并重组，刘强生失业了。面对成堆的债务，他欲哭无泪。

他打电话给女朋友，想从她那里获得一点安慰。但女朋友冷冰冰地拒绝了他。他不甘心，便到女朋友的宿舍楼下等她，但他看到了最令他气愤的一幕：女朋友正与一个男人亲亲热热地携手外出，那个男人正是他的大学同班同学张昕！张昕是个纨绔子弟，家里有钱有势，个人平庸无才。在大学时，他就对刘强生的女朋友垂涎三尺，多方追求，一无所获。女朋友曾说，她最看不起这些自身别无长处，只靠父母的富家子弟。但是，大学毕业才满一年，她竟变得这样庸俗不堪！

刘强生愤怒地冲上前去指责她，并与张昕扭打起来。因此，刘强生因打架斗殴，并追逐、拦截他人，被公安机关行政拘留7天。

被关了7天，刘强生感觉像是过了7年。在这7天里，他把自己这二十几年翻来覆去地想了好几遍，觉得世上实在没有什么可以留恋的东西了。他不想再这样绝望地挣扎下去，想早一点解脱……

四

刘强生颓然地坐在咨询室里，表情木然，眼神呆滞。

我知道他在精神上已经彻底垮了，必须有人给他强有力的精神支持和正确的心理引导，否则，他极有可能放弃人生，选择自杀来结束自己的生命。

我语重心长地对他说："你是坚强的男人，你曾经承受住了许多现在的年轻人无法承受，甚至无法面对的艰难困境。你刚进入大学，继父就入狱，没有经济来源，你靠自己坚强的毅力和聪明才智，勤工俭学完成了大学的学业，还赢得了爱情和同学们对你的尊重。你在勤工俭学过程中，当过家教，卖过mp3、手机卡、电话卡，当过装修工，到时尚杂志社去当兼职摄影师，等等。你那时虽然困窘，却过得很充实，没有沮丧，没有放弃，那是为什么？"

刘强生说："是不是因为有了爱情？"

我说："爱情是你的激励力量，但并不是你的全部动力。因为你在爱情到来之前，就已经这样做了，而且做得很成功。对于每个人来说，爱情只是生活的一部分，而不是全部。现在你的爱人背叛了你，不要谴责她，是你自己无能，才在这场爱的角力赛中败下阵来。张昕虽然不如你聪明能干，但是他所拥有的资源远胜于你。你要想赢得爱情，赢得幸福，就要付出比别人更多的努力和艰苦。"

刘强生激动地说："我努力过了，但是没有用啊！我真的太不走运了，我觉得世界上所有的不幸似乎都让我遇上了，命运对我太不公平了！"

我说："苦难对于苦难的承受者来说，也许不是不幸，而是一种有益的磨炼。许多历史名人都是历尽坎坷,最后终成大业的。你不必羡慕张昕一类的纨绔子弟,他们依靠着父母的庇护才能在社会上生存。实际上他们的自我生存能力很低,一旦他们父母的健康状况或社会地位稍有变化,最先灭亡的就是他们。而像你这样完全依靠自己能力生活的人,你们的生存能力是极强的,就像韭菜一样,割掉一茬,又会顽强地长出一茬……"

刘强生说:"可是我们这些人活得太累、太辛苦了,何时才是尽头呢?"

我说:"无论劳力者或劳心者,大家都很累,只是累的方式和结果不一样而已。你是受过高等教育的知识分子,又极其聪明。你在读大学时,就能够获得全校摄影大赛的冠军,还能到时尚杂志去做兼职摄影师,为什么在毕业后反而过得那么窝囊呢?"

刘强生说:"也许是我太在意自己的专业了,太在乎在这家国企里的职位,丢弃它,去玩摄影,好像是不务正业。"

我说:"生存与自我发展最重要。况且,世界上那么多的成功人士,他们的成功都是始于不务正业,比如比尔·盖茨、股神巴菲特、我国正泰集团的老总南存辉、国际奥林匹克委员会主席雅克·罗格,等等,他们都是不务正业之人。再说我本人吧,外科医生不当,偏要当心理医生,也曾有人说过我不务正业,可是我也成了一名不错的心理医生。"

刘强生问:"您的意思是要我另辟蹊径吗?"

我说:"你只要稍稍动动脑子,创业的途径多着呢!在大学时期,你还是个初出茅庐的孩子,都能够靠着自己的能力自给自足,完成学业,现在你成熟了、长大了,为什么反倒不自信了呢?"

刘强生说:"也许是我遭受的打击太大、太多的缘故吧。"

我说："连续不断的负面生活事件对你所造成的挫折太集中、太强烈了。短时期内你遇到的磨难太多，超过了你的承受极限。美国心理学家霍尔姆斯（Holmes），根据广泛的调查结果，对生活进行了定性和定量分析，编制了社会再适应评定量表，该量表包含 43 项生活事件，根据每个事件要求的重新适应或紧张程度的大小不同，依次分出不同等级，用生活变化单位（LCU）表示。比如，配偶死亡的 LCU 为 100 分（最高值），家庭成员患病为 44 分，被解雇为 47 分，借债为 31 分⋯⋯

"你弟弟受伤、母亲去世、爱人分手、家庭负债、自己失业、拘留处罚，等等，你的 LCU 在一年之内远远超过 300 分了，再加上你幼年丧父、继父入狱等诸多因素，令你濒临崩溃。如果你硬挺过去了，也必定患上精神或身体疾病，及时的心理疏导是非常必要的。"

刘强生坚决地说："我不会颓废下去的，刘强生不是个孬种！我一定要让我的前女友后悔！"

我说："我们要为自己活着，这样才能活得轻松而自在，活得愉悦而平静。不怨天尤人，不愤世嫉俗，一切顺其自然，要'为而不争'，包括自己的心态和社会行为都是如此，这样你才能真正脱离苦海，重获新生。"

刘强生问："还会有人爱我吗？"

我微笑道："面包会有的，爱情也会有的，你是一个优秀的年轻人，你的前途不可限量。"

刘强生也笑了。他说："谢谢您给我信心！我现在感觉好多了。我原来准备了一瓶安眠药，打算咨询解决不了问题就去自杀，现在用不上了。"

他掏出安眠药，将它扔进了垃圾篓。

我笑道："你这是'山重水复疑无路……'"

刘强生接上说："结果是'柳暗花明又一村'啊！"

五

"你现在过得怎么样？"我问刘强生。

他递过来一张名片，上面写着：春生艺术人像摄影图片社，经理：刘强生。他又指着他女朋友说，"她叫徐春，我们图片社社名'春生'两个字各取自我俩名字的最后一个字。"

我拍拍他的肩膀说："我说的没错吧！"

刘强生说："我们的服务对象主要是大学生、时尚人士和儿童，准备在本市再开两家分店，并扩大经营范围。您有空一定到店里来坐一坐。多亏您当年的帮助，我才有了今天，真不知该如何谢您！"

他过去牵着女朋友来到我的面前，对她说："这就是我经常跟你提起的王翔南大夫、王教授。"

女孩子惊喜地"哇"了一声说："您是今晚要给我们上课的王教授！我是校团委宣传部的负责人徐春，我负责在门前迎接您，一直在等您的电话呀……"

杞人忧天

> 恐惧症是以恐怖症状为主要临床表现的一种神经症。患者对某些特定的对象或处境产生强烈和不必要的恐惧情绪,而且伴有明显的焦虑及自主神经症状,比如心跳加快、气促、流汗、脸红,等等。患者会主动采取回避的方式来解除这种不安。患者明知恐惧情绪不合理、不必要,但却无法控制,以致影响其正常生活。

一

此前,我接受新华社一位记者的专题采访,谈到一些社会情绪心理的问题以及我的临床案例,等等。

大概一个月之后,我忽然收到来自F省的一个女孩子的电话。

她说,她在网上看到了新华社关于我的专题采访文章,很想找我做心理咨询,后来她又在网上查阅了关于我的一些资料,更加坚定了找我看病的决心。

她说,她特别害怕死亡。

"王教授,我知道您很忙,求求您尽快给我做咨询。"她说。

我听见她的声音有些颤抖,显得很紧张和焦虑。于是我尽快安排了时间。

一周之后,这个女孩子和她父母就飞抵本市,来到了我的咨询室。

女孩个子很高,大概有1米8左右,身材很匀称,眉眼俊俏。她叫苏慧,是F省女子羽毛球队的主力队员,曾获得过全国赛的女子双打冠军。

她现在每天早上醒来，就会被笼罩在一片死亡的阴影里，无论做什么事，都会想到死亡，令她特别恐惧。她会不由自主地不时翻看手机上的时钟，每次都会惊恐于时间流逝的飞速，自己又离死亡近了几分钟。她到省里各大医院四处检查身体，都没有发现任何躯体方面的毛病，医生建议她去看心理医生。但是，她坚持认为自己不是心理疾病。

她说："王教授，我的头脑很清醒，我只是害怕死亡，害怕死亡也是心理有问题吗？难道死亡不可怕吗？难道您不害怕死亡吗？"

"苏慧，你还很年轻啊，"我微笑道，"你这么充满活力，又没有患上要命的疾病，你离死亡还远着呢，别这么着急害怕。"

苏慧噘着嘴说："你们当医生的都是这么说。难道非要患了癌症或者七老八十的时候再来想这些事吗？那些人只是离死亡比较近而已。我们一样每天都离死亡近一些，一天天地靠近死亡，过一天就少一天，一年365天，一天24小时，想想看吧，就算活到80岁，那也只有25亿秒，从我来到您的咨询室，我们谈话之间，就已经消失了1000多秒，哎呀，多可怕！"

她抱住头，尖叫了一声，眼神里充满了紧张和恐惧。

我说："苏慧，世界上的一切生物，都是要死亡的啊，有生就有死，这是自然规律，不以人的意志为转移的啊。"

"我不听，我不听！"苏慧叫喊着，捂住耳朵说，"我不要死，我不要死！"

二

看来问题没有那么简单，苏慧对死亡的恐惧非同一般，她很可能患上了神经症中的一种——恐惧症。于是我转移话题，问起了苏慧的幼年时期的生活环境和学习经历。

她出生后不到半岁,因为父母工作太忙,就被送到乡下外婆家寄养。她在外婆家一直长到3岁。父母只有空闲时才会去看她。外婆曾对她说,她对父母感到很陌生,3岁了还不会叫爸爸妈妈。

3岁后,父母把她接回城里生活。父母仍然非常忙,只好把她送全托幼儿园,双休日才会接她回家。幼小的苏慧对家里感到很生疏,不喜欢在家里住,尽管妈妈把她的房间布置得像童话世界里的公主屋,她还是宁愿待在幼儿园里。

小学的时候,家里请了保姆,她在家里住了。但她的性格却渐渐变得很文静,不爱跟同学们一起玩,课间休息时,就喜欢一个人待在教室里看漫画书。

小学毕业,刚刚进入初中的时候,市少年体校到她们学校去挑选体育苗子。因为她的身高、体能、反应速度、耐力和柔韧性等各项指标都达标或超标,所以被市少年体校录取,成为一名专项培养的体育生。

苏慧的妈妈还告诉我:苏慧的性格很内向,从小就不愿多与人交往,心思很重,喜欢一个人独处,对父母的感情好像也不怎么深,从来不会像其他女孩子一样,扑在妈妈的怀里撒娇。而且她也很敏感,容易紧张,容易关注一些细小的事情,还喜欢察言观色,常常多思多虑,6岁时还一度经常晚上失眠,后来看了老中医,服用了一段时间的中药才好的……

经过与苏慧母女俩的交流,我确定她的确患上了恐惧症。

三

"苏慧啊,"我和颜悦色地对她说,"你知道吗?你为什么对死亡这么害怕？因为你患上了恐惧症，这是一种比较严重的心理障碍。大家都一样，都会面对死亡的威胁，但是为什么大家都不害怕？因为大家都知道，只要不出意外，我们距离死亡都很遥远，还能享受生活历程中的各种快乐和美好，当然也有麻烦和痛苦。这就是人生，就是生活给予我们的。大家都在忙忙碌碌地、充实而快乐地生活着，而你却整天忧心忡忡，为了遥远的、还没发生的事情发愁、焦虑和昼夜不宁。这都是因为你的认知功能受到了损伤，是疾病造成的。"

苏慧迷惑不解地问："什么是恐惧症？我怎么会患上这种病呢？"

我告诉她，恐惧症是以恐怖症状为主要临床表现的一种神经症。患者对某些特定的对象或处境产生强烈和不必要的恐惧情绪，而且伴有明显的焦虑及自主神经症状，比如心跳加快、气促、流汗、脸红，等等。患者会主动采取回避的方式来解除这种不安。患者明知恐惧情绪不合理、不必要，但却无法控制，以致影响其正常生活。恐惧的对象可以是单一的或多种的，如动物、广场、闭室、登高或社交活动，等等。

苏慧说："可是，我恐惧的对象是死亡，不是您说的那些对象。"

"是的，恐惧的对象多种多样，实质都只有一个，就是出于对死亡的害怕。"我继续说，"单纯地恐惧死亡的恐惧症虽然不多发，但也是时常可见。心理社会因素在恐惧症的发病中常起着更为重要的作用。例如某人遇到车祸，就可能对乘车产生恐惧。恐惧症是有着诱发因素的，比如，在焦虑的背景上恰巧出现了某一情境，或在某一情景中发生急性焦虑由此对之发生恐惧，然后就可能会固定下来成为恐惧对象。对特殊物体的恐惧可能与父母的教育、生活环境的影响、亲身经历及个人性格特点等有密切的关系。

"具体到你，主要是自幼的生活环境和特殊的亲子关系对你的神经症性格的形成产生了至关重要的作用。自幼你的情感需求就极度得不到满足，所以你缺乏安全感，胆小退缩，对社交缺乏热情。父母本应该是你的人生第一个老师，第一个社交对象，由于你没有得到父母的鼓励、引导、关爱、呵护和支持，导致你对外面的世界充满陌生和警觉。你敏感多疑，处处设防，对人际交往没有兴趣和热情等，这些都是你神经症性格形成的原因。"

"但是，我怎么会那么害怕死亡呢？"苏慧问，"这难道也是神经症性格造成的吗？"

"神经症性格只是你患上恐惧症的基础，在一定的诱发因素的作用下就会发病。"我解释道，"对死亡的恐惧，属于恐惧症中的一种类型，即'特定的恐惧症'。特定的恐惧症是对某一特定物体或高度特定的情境产生强烈的、不合理的害怕或厌恶，常在儿童时期萌发。典型的特定恐惧，主要是害怕动物，如蜘蛛、蛇等；害怕自然环境，如黑夜、风暴等；害怕血液、注射或高度特定的情境，如高处、密闭空间、飞行等，患者会因此而产生种种回避行为。其实，所有这一切，归根结底都是来自对于死亡的恐惧，而你的恐惧正是直接切中要害。"

苏慧想了想，说："您刚才说，我的这种神经症性格'在一定的诱发因素的作用下就会发病'，那么我的诱发因素是什么呢？"

我说："你好好回忆一下，在你害怕死亡的情绪出现之前都发生了什么事情？"

四

苏慧慢慢想起了一些事情。

她从小就胃肠功能比较弱，经常消化不良，吃东西多了或者吃得快了就会呕吐，大便也不太正常，排便时间不规律，有时一天几次或十几次，有时又几天不排便。妈妈曾经带她去医院看过多次，还做过肠镜检查，也没有发现什么问题，中药西药吃过很多，也不见有什么效果，为此她很苦恼。

后来，她一次乘坐公交车，在车窗旁看见一张小广告，上面写着"名老中医，专治各种胃肠疑难杂症，药到病除，妙手回春……"她有点心动，就记下了联络电话，日后就去找了那家诊所。诊所里的一位老者，仔细询问了病史，给她拿脉、看舌像后，认真地告诉她："你有肠癌的早期表现，不过现在还不要紧，吃了我的药，保证药到病除！"

苏慧按照老中医的要求，吃了两个月的中药，胃肠病没见痊愈，反而落下了恐癌的毛病。

她担心自己"早期肠癌"加重，频繁出入各大综合性医院和肿瘤医院，要求医生治疗，并不断要求做各种检查。尽管医生们都一致否认她患有"早期肠癌"，各种检查也排除了癌症的可能性，但是，她仍然忧心忡忡，渐渐地由害怕"早期肠癌"转变成为害怕死亡……

"这就是你害怕死亡的诱发因素。"我说，"那位'名老中医'说你患了'早期肠癌'，这触发了你的心理应激机制。你本来就有神经症性格，容易多思多虑，患得患失，而且还患有心身功能性障碍，比如你的胃肠功能失调。'名老中医'不负责任的断言，更加使你忐忑不安了。至于你为什么会转为害怕死亡？这就要从本能上去寻找答案。回避伤害，是一切动物的本能行为，但是绝大部分动物都没有自我意识，不懂得害怕死亡，这些动物活在世界上只有三个目的：觅食、交配和逃避危险。只有更加高级的动物才有自我意识，才会害怕死亡，比如人、猩猩、海豚和大象等。"

"那什么是'自我意识'呢?"苏慧问道。

"所谓'自我意识'就是对自己身心活动的觉察,即自己对自己的认识,包括认识自己的生理状况,如身高、体重、体态等;认识自己的心理特征,如兴趣、能力、气质、性格等;认识自己与他人的关系,如自己与周围人们相处的关系,自己在集体中的位置与作用,等等。自我意识是高级动物(包括人)对自己身心状态及对自己与客观世界的关系的认知。自我意识包括三个层次:对自己及其状态的认识;对自己肢体活动状态的认识;对自己思维、情感、意志等心理活动的认识。简单地说,自我意识的标志,就是高级动物对'镜像自我'的认知。

"婴儿从出生到满3岁以前的一段时期,是人一生中生长发育最迅速的时期,也是生长发育最旺盛的阶段,这个阶段会出现自我意识,就是会出现对'镜像自我'的认知。当代心理学对婴儿自我发展的研究,大多运用镜像技术观察婴儿的行为反应,从而提出'镜像自我'概念。以自我指向行为作为指标,来确定个体最早出现的自我意识。"

"为什么动物只有具有了自我意识,才会害怕死亡呢?"苏慧渐渐被我的话题吸引。

"问得好!"我说,"刚才我说过了,自我意识是高级动物对自己身心状态及对自己与客观世界的关系的认知,就是说,有了自我意识,高级动物才知道'我'的存在,知道'我'与客观外界的关系。随着年龄的增长,自我意识的逐渐健全,这个'我',愈加强大,人们就会产生三个问题:1. 我是谁? 2. 我从哪里来? 3. 我将向何处去?这就是人类的三个终极问题。'我将向何处去'就涉及死亡的问题。

"现代科学技术告诉我们:死亡意味着'我'的永远消失,外面的世界无论如何精彩和发展、变化,都与'我'无关了,因为'我'已经不存在了。"

"是啊，这就是我担心害怕的事情！"苏慧的表情又变得焦虑而紧张起来。

我神情轻松地说："你别着急，现代科学技术正在日新月异地发展着，几乎每天、每一刻都有新的技术问世。人类已经研究发明换头术、人体冷冻技术以延长寿命，还有佛教中的流传于世界各地的'再生人''生死轮回'……"

五

苏慧对这些都充满了好奇，我用一下午时间一一给她详细说明。

她或沉思或惊叹，最后心悦诚服地点点头说："真是要衷心感谢您不辞辛苦地引导我，为我指点迷津，把我从阴霾中拉到阳光下，我想我应该没有问题了，我会彻底康复的。"

我说："接下来，我还要给你开点抗抑郁药物，你要坚持服用，同时你还需要定期做心理咨询，我们共同努力，你一定很快就会恢复健康的。"

苏慧爽朗地笑了。

催眠

> 抽动障碍真正的病因目前尚不十分明确。目前有遗传因素、神经生化因素、社会心理因素三种假说。社会心理因素假说认为，儿童在家庭、学校、社会遇到的各种问题，以及生活中的重大事件，都能引起其紧张、焦虑情绪，都可能诱发其抽动症状。家庭管教过严，过于挑剔、苛刻，学校或家长的要求超过了孩子实际承受水平等，均可造成孩子的紧张与焦虑，进而导致抽动障碍。

一

A省某医科大学第一附属医院院长甘霖是我的好朋友。某一日，他打电话跟我说，他们省有一位领导的家人患了一种奇怪的病，想请我为他诊治。

周末，我飞到A省的省会，甘霖因为出席重要会议，没有到机场接我，来接机的是一个身材高大、体形魁梧的中年男子。他自我介绍说，他叫成威，是泰盛集团的董事长成康俊的堂弟、公司安全处的负责人。

二

第二天一早，成康俊董事长来陪我吃早餐，说让我下午去给市长的孩子看病……

市长清瘦而略带疲惫，带一副老式宽边近视眼镜，说话温和而客气，对人很有礼貌，像一个满身书卷气的大学教师。

他的孩子今年才八九岁，长得眉清目秀。

我把他拉到我的身边，和颜悦色地跟他交谈。

他眼神机灵，口齿伶俐，只是有些拘谨。

市长问我："您看这孩子有什么问题吗？"

我已经发现他努力控制着的异常。

我定定地盯着他，一句话都不说，孩子开始有些紧张，右边嘴角轻轻地抽动了一下。

我神色严厉地问道："你的嘴，怎么啦？"

话还没说完，孩子的右嘴角明显地抽搐了起来，而且越抽越严重。终于，整个右边面颊都抽搐起来，同时还伴随着不由自主地点头和吞咽动作，就像在"扮鬼脸"。

市长叹了一口气说："他就是这个毛病，已经看了许多家大医院了，CT、核磁共振、脑电图都做过多次了，神经内科、神经外科、儿科、眼科、耳鼻喉科都检查过了，全都没有发现异常。名老中医也看过，说是'内风证'，吃了几十副中药，也没见效。也做过心理咨询，但无明显效果。全家人都急死了，不知如何是好。后来听甘院长说您一定有办法，所以就大老远地请您上门来看病。"

市长告诉我，这孩子在一年以前，一次在课堂上，老师叫他站起来回答问题，他答错了，全班同学都起哄取笑他。自那以后，只要稍微一紧张，他的嘴角和脸就会抽搐，而且情况愈来愈严重。

他平日对孩子比较严格，孩子也比较畏惧他。孩子自得了这个病以后，他稍稍严厉一点，孩子就会抽搐。

前几天他出差在外，妻子打电话告诉他孩子又在家里捣蛋。他正忙得要命，心里一火，就在电话里狠狠地骂了孩子一顿。没想到，孩子抽得更厉害了，还增添了点头和吞咽的动作。孩子自己也想控制，但是越控制越严重。真不知道如何是好。

我问："孩子睡着时还抽动吗？"

市长说："睡着时很正常，一点都不抽动。"

我又问："孩子出生时有难产或产伤吗？"

市长说："是正常的顺产，没有难产或产伤。"

我说："这孩子得的是抽动障碍，一种精神心理疾病。"

三

抽动障碍是指身体任何部位出现不自主、无目的、重复地、迅速地肌肉收缩，发病年龄以 5~9 岁为多见，男孩多于女孩。

具体临床表现症状多见为：眨眼、挤眉、清嗓、皱额、吸鼻、咂嘴、伸脖、摇头（甩头、点头）、咬唇、咧嘴和模仿怪相等；还有的出现耸肩、甩胳膊、掰手、用手拍屁股、抖腿、强直性伸腿等；更有甚者会出现肚子抽动、发声性抽动，等等。

总之，有的患儿始终局限于身体的某一部位抽动，有的患儿则抽动部位不固定，还有的患儿则是各个部位同时发生抽动。

患儿紧张不安、情绪烦躁或不佳，或患躯体疾病时症状加重，入睡后症状消失。有些患儿症状固定于某一部位，持续 1~2 个月；有些患儿抽动部位变化不定，交替出现。抽动的频率可能每天发生，也可能断续出现、一天发作多次，至少持续两周。当抽动开始时患儿本身能意识到，但无法克制。这类儿童多数具有敏感、羞涩、不合群，容易兴奋、激动等特点。有些儿童还伴有遗尿、夜惊、口吃等症状。

市长关切地问:"抽动障碍是什么原因引起的呢?"

抽动障碍真正的病因目前尚不十分明确。目前有遗传因素、神经生化因素、社会心理因素三种假说。

社会心理因素假说认为,儿童在家庭、学校、社会遇到各种造成心理压力的事件,以及生活中的重大事件,都能引起紧张、焦虑情绪,都可能诱发抽动症状。家庭管教过严,过于挑剔、苛刻,老师或家长的要求超过了孩子实际承受水平,也都会造成孩子的紧张与焦虑,进而导致抽动。

行为心理学专家都认为社会心理因素是抽动障碍的真正发病因素,我也支持这一观点。因为遗传因素假说和神经生化因素假说研究的样本太小,在临床上不具备普遍意义,而且抽动障碍在其发病过程中,社会、心理因素的影响太明显了。如患儿在睡眠、注意力集中或转移时,或在参加体育活动时,症状可暂时消失;而情绪紧张或精神压力加大时,症状可被诱发和加重,等等。

市长又问:"抽动障碍,要怎样进行治疗呢?"

临床常用的治疗抽动障碍的方法有以下几种:

1. 父母要稳定自己的情绪,给孩子创造一个宽松、温馨的家庭氛围,消除孩子不必要的心理负担,这样有利于该疾病的预防与康复。当患儿出现各种抽动症状时,父母保持平静的心态,给予漠视、不理睬等方式,同时可利用各种方式转移患儿的注意力,如给其讲故事,与其交谈学校的情况等,使其转移注意力,从而减轻抽动发作频率。

当孩子在学校出现抽动症状时,老师如果对此病认识不足,对患儿进行批评、指责等会使症状加重。特别是如果抽动障碍的患儿伴发学习困难时,若老师对其误解,对患儿进行不恰当的批评,同样会加重患儿的心理负担，从而使症状加重。

所以家长要跟学校老师取得联系，及时告知老师孩子患病的情况，根据心理医生的意见，对老师进行指导，使老师对该疾病有正确的认识，不给孩子施加精神压力，对出现的症状给予包容、淡化，并积极创造轻松愉快的学习环境，同时带领患儿参加多种多样的、有益的文体活动，使患儿放松身心。

2. 教给父母正确的行为疗法。对于抽动障碍的患儿应采用相反习惯训练的行为疗法，具体做法为：当患儿出现发声抽动时，则对患儿进行有规律的闭口动作训练——就是做20次/分钟左右闭口、吞咽动作；当患儿出现腹肌抽动时，教给患儿进行节奏缓慢的腹式呼吸训练，从而减轻抽动症状。

3. 另外可采用松弛训练疗法——此方法应当在医生的指令下进行训练。当患儿抽动症状频繁出现时，可让患儿进行松弛训练。教患儿由头部、颈肩、上肢、躯干、下肢对全身肌肉进行放松，同时进行闭目想象，如想象自己在大海边的情景，使其放松；还可训练患儿深呼吸放松法，让患儿站立，双肩下垂，闭目缓慢地做深呼吸，以消除患儿紧张情绪，减少抽动症状。

4. 药物治疗：主要是采用氟哌啶醇一类抗精神病药物来进行治疗。抗精神病药物，由于临床上副作用大，疗效不显著，所以一般不主张首选使用。还有人体的正常成分肌苷，也是治疗抽动障碍的常用药物，有研究表明，其控制抽动症状有效率达75%。

5. 使用催眠疗法进行治疗：在国内，我率先使用催眠疗法治疗抽动障碍，并且治愈率达到了90%。

四

我对市长建议对他的孩子使用催眠疗法治疗,同时配合使用以上的 1~3 种方法进行辅助治疗。

因为抽动障碍是一种潜意识疾病,患者往往越想控制,就越是控制不了,所以用潜意识的治疗方法,通常效果比较好,而催眠疗法就是一种潜意识治疗手段。

市长同意使用催眠疗法进行治疗。于是,我先将上述 1、2 两种方法的实施细则详细地告诉了他,然后把孩子带到另一个房间,由孩子的舅舅陪在现场。

在对儿童进行催眠治疗时,为使患儿情绪稳定,并使治疗能顺利进行,通常会要求其最亲近的家长陪同。

我拿一张白纸,在上面画了两个相距约 6 厘米的圆圈,然后举在孩子的面前,用肯定的语气说:"你集中注意力,凝视这两个圆圈。你会发现,这两个圆圈会愈来愈靠近,最后就会重叠在一起,这是我在施魔法……"

我将白纸轻轻地在孩子面前晃动,说:"你看见了吗……看见了吗……"

孩子凝视着白纸上的两个圆圈,一分钟后,目光渐渐呆滞,开始进入催眠状态。

我拉上窗帘,把房间里的灯光调暗,然后对孩子说:"你现在有一些疲倦了,你可以上床去躺一躺。"

孩子顺从地仰卧在床上。

我用徐缓、平直而低沉的语调说:"现在请跟着我的口令做深呼吸,我说'吸——',你就用鼻子深深地吸入空气;我说'呼——',你就用嘴缓缓地把胸腔里的气体尽量地呼出来。你看见有一团棉花粘在你的鼻头上,你呼吸的时候,可以看见棉花在你的鼻头上飘动。好,吸——呼——很好!……"

随着深呼吸运动的进行,孩子半睁半闭着眼睛,呼吸平稳,全身松弛,面部平静而无表情,完全听从指令,进入了中度催眠状态。

我继续发出指令:"……你只听得见我的声音,我的声音告诉你,不要紧张,不要焦虑,不要害怕脸上的抽搐,它不可怕,它不会再影响你,当你醒来的时候,它就离你而去,不会再来影响你了……你听见我的话了吗?记住我的话了吗?如果你听见、并记住我的话了,请点点头。"

孩子迟缓地点了点头。

我说:"过去,你一紧张,右边的嘴角就会抽搐,现在你不会再抽搐了,用你的右手抓起那可恨的'抽搐'把它远远地扔开!"

孩子仍然半睁半闭着眼睛,右手摸摸索索着像抓起一样东西似的,微微地晃动着扔了出去。

我说:"好!它从此不会再来纠缠你了,放心吧,它离你而去了……"

紧接着我又在催眠状态下,对他进行了意象放松训练。

我说:"你现在躺在一望无际的绿色的草地上,你心里很舒服,全身很放松,你感觉到清凉、惬意……你的心情很好,你没有紧张、没有焦虑,你的全身软绵绵的、松弛的……微风吹过来,你感到愉快,感到轻松,你不会再有烦恼,不会再有紧张和焦虑……"

催眠治疗结束,我将他唤醒,只见他欢快地、蹦蹦跳跳地跟着舅舅家的孩子跑出去玩了。

我对一直在隔壁房间守候的市长说:"我刚才把治疗的全程都录制下来了,您回去以后,隔一天给他听一次,连续听5次,基本就可以彻底断根了。同时,您去药店买一瓶肌苷片,这是非处方药,每天3次,每次2片(0.2g),连服一个月。"

五

晚上,甘霖宴请我。

成康俊对我耳语道:"王教授,待会儿,市长还要见您。"

我有点奇怪:"他的孩子怎么了?又有症状了吗?"

成康俊说:"他的孩子挺好的,是他自己有点事还想麻烦您。"

准是市长本人要看病了,我心想。

吃完饭,成康俊载着我跟甘霖去他的公司等待市长。

在成康俊的办公室,市长神色黯然地对我说:"王教授,不瞒您说,我自从5年前当上市长以来就没有睡上一个完整的觉,每天都失眠,哪怕最好的状态,也要很长时间才能入睡。我看了不少医生,中药、西药吃了不少,还扎过针灸,练过气功,反正什么方法都试过了,总是没有效果。这次,我见识了您的催眠术,也想试一下催眠疗法,您看可以吗?"

我喝了点酒,说话口气就不由地大了一些。

我说:"只要您是功能性睡眠障碍,我就能治好。在我手里,十七八年的老失眠症患者都治好了,不用说您这五六年的患者了,放心吧!一切包在我身上。"

市长问我,是不是要躺在沙发上?是不是要把灯光调暗?我说,都不要。您就坐在椅子上,也能睡得踏踏实实的。

接下来,我对市长施行了入睡催眠。很快,他就安然入睡,还发出了轻微的鼾声……

45分钟后,我发出指令将市长从酣梦中唤醒。

他伸了个懒腰,神清气爽地说:"太舒服了!5年多了,我从来没有睡得像今天这样踏实。谢谢您,王教授!"

我照例把催眠的全程录了音,发给他。

我说:"您回去后,每天晚上睡觉前听一遍,就会很轻松地入睡。如果有什么变化,我们保持联系。"

六

之前有读者对心理医生使用催眠技术本身和其治疗睡眠障碍的原理、过程很感兴趣,并提出了一些问题,现统一回复如下。

睡眠的最大敌人是失眠者对睡眠的关注。

睡眠是人的本能之一,就像吃饭和排泄一样正常。失眠者睡不着觉是因为他们把正常变成了异常。心理医生治疗睡眠障碍不是用安眠药,也不是让失眠者数绵羊,而是首先要他们放弃对睡眠的重视,让失眠者不要担心睡不着觉,睡眠自然就来了。

哺乳动物都需要通过长时间的睡眠来恢复因猎食或者逃避危险所造成的精神紧张。对人类来说,睡眠是缓解和消除日常生活所造成的疲惫及紧张的一种生理需要,所以不必担心能否正常睡眠,该到的时候它必定会来,这是失眠者首先要知道的道理。

治疗失眠的方法有很多。我最喜欢采用催眠的方法,因为催眠可以让医生直接进入患者的潜意识中进行调整，不需要讲道理，也不需要长时间的心理咨询来做准备。催眠效果可以立竿见影。

催眠是一种处于睡眠和觉醒的中间状态，也就是说它既不是睡眠状态也不是觉醒状态，基本上是处于无意识状态。在这种状态下患者可以接受特定的暗示指令，并将这种指令纳入自己的无意识系统之中，调整和改变某些无意识控制的行为，从而达到治疗的目的。

催眠方法具有如下三个特点：

1.催眠并不是万能的，患者的有些意识行为是没办法通过催眠来解决的，只有些无意识行为，也就是处于潜意识指挥下的下意识行为，比如有的人说话前习惯性地搓手或撇嘴，或无缘无故对某些事情恐惧，或连续做同一类型的噩梦，或习惯性的睡眠障碍等，类似这些下意识行为或由下意识造成的疾病，可以通过催眠来改善。

2.催眠并不是对每个人都能发挥作用，容易接受暗示的人就容易被催眠，不容易接受暗示的人就不容易接受催眠。

3.催眠治疗对于无意识行为造成的疾病和无意识不良行为的治疗或矫正，需要持续跟进，否则远期效果并不好。

追根溯源

> 慢性焦虑又叫广泛性焦虑，是一种情绪症状在没有明显诱因的情况下，患者经常出现与现实情境不符的过分担心、紧张害怕。这种紧张害怕常常没有明确的对象和内容。患者感觉自己一直处于一种紧张不安、提心吊胆、恐惧、害怕、忧虑的内心体验中。

一

陈琳是某三甲医院的副院长，一天上午她专程来我的办公室，说某领导想跟我预约看病。

我问陈琳："这位领导是哪里不舒服？"

陈琳说："他每逢开会时，只要在会议上发言，就会不由自主地发抖，开始时只是两手发抖，随着发言的时间越长抖得越严重，有时甚至会严重到全身发抖，几乎晕厥。"

我问："这位领导到其他医院看过吗？"

陈琳说："哪能不看？本省多家大医院和精神病医院都看过，也去过北京、上海、广州的大医院，医生的诊断五花八门，药吃了好几年，中医针灸、按摩都试过，也没有什么效果。现在只得劳驾您亲自问诊了。"

我笑笑说："好吧，我试试看。"

说实话，我看了几十年的精神、心理及心身疾病，还没有见过发抖成疾的病人。

医学上把因寒冷、恐惧、气愤、高兴、激动等原因引起的身体颤动叫作发抖。

发抖是人体内部环境控制系统的一项功能。眼睛的后方有一块负责控制体温的微小脑组织,称为下丘脑。发抖是下丘脑使身体保持恒温的一种方法。在身体变冷时,发抖能够使身体释放出能量,保持体温;与此相反,当身体变热时,发抖能使人出汗,从而达到散热、降低体温的作用。

二

他是因为什么引起的发抖呢?

两天之后,这位领导给我打电话了。他表示,为避免影响,最好不要到学校或咨询室来咨询。我说,那就到位置偏僻一点的咖啡厅吧。他同意了。

那天晚上,我按预约的时间提前到咖啡厅等候。

一会儿工夫,就见从一辆豪华轿车上下来一个中等身材的男士。他一身休闲装,年约五十几岁。

一见我,他立刻快步上来和我握手,同时问道:"是王教授吧?"

我们一边寒暄,一边步入预定的包厢。坐定之后,我问:"怎么称呼您?"

他说:"叫我张主任吧。"

我仔细看了他一眼,发现他的面容很熟悉,但记不得是否经常在电视上看见,还是在其他地方见过。感觉他的举手投足和言谈之间有一种沉稳和矜持感,是那种见过大世面的高级干部的风度。我知道,他的官职绝不是什么"主任"之类，但是，他说自己是"张主任"，我也只好叫他"张主任"了。

"张主任，"我微笑道，"平常大家都对您很尊重、很恭敬。但是，到了这里，您就是求助者或者咨客，我们完全是平等的。心理咨询是一种磋商或商讨的过程，为了彻底地解决您的问题，我们必须要对相关的各个方面进行深入探讨，希望您能尽量配合，不要回避。"

张主任点点头说："我知道。王教授，您放心，我绝不回避问题，一定全力配合。"

原来陈琳院长说的那些症状只是表面现象，他还有更多、更严重的问题。比如只要听说要开会，他马上就会开始紧张，担心要安排自己讲话。一般的讨论式的随机发言，他还不太怕，就怕使用讲稿的正式发言，因为一发言他的手就会颤抖，手一颤抖，稿子就会抖动，大家就会看到，他就会更紧张。他最害怕站在舞台上，在竖起的支架式话筒面前手持讲稿发言，因为那样他觉得自己全身都暴露在与会者面前了，他的手会抖，稿子会抖，腿会抖，身子会抖，全身都会颤抖。他虽然也会竭力地控制自己，但是哪里控制得了！

他记得有一次国际会议在本省召开，还有中央大领导参会，省里决定要他在开幕式上致辞，那次正是对着竖立着的话筒发言。天哪，真是要了他的命了！他站在那里，努力地控制着自己，尽力不发抖，但是还是止不住地发抖。短短的几分钟致辞，他觉得好像过了一个世纪。他脸色惨白，全身大汗淋漓，小便都滴在内裤上了，整个人几乎要晕倒在发言台上……

从那以后，他对各种会议发言，能推则推，不能推就躲，不能推也不能躲，就拖着，实在无法推、无法躲、无法拖，再硬着头皮上。

渐渐地他变得越来越谨小慎微，越来越优柔寡断。

上楼梯时，他害怕走有扶手的那一边，因为他会忍不住向楼下看，接着，就会感到头晕目眩，担心自己会坠落。电梯间他也不敢进，因为每当电梯上行时，总会先有一个极短暂的下坠的冲力，这一瞬间也会令他感到恐惧，害怕电梯会掉下去。

每次出差，他总是要跟秘书或司机同住一个房间，而且绝不住豪华套间或大卧室，不知情的人还以为他很廉洁，其实他是害怕空旷，害怕黑暗，害怕一个人独处。

有一次，接待单位不知道他的习惯，事先安排好了随行人员的房间，他只好一个人住。那天他住的是套间式的卧房，有会客室、餐厅、书房、卧室等，足足有200平方米大小。晚上，他一个人辗转难眠。空旷的房间，无边的黑暗，四周寂静无声，只听见自己沉重的呼吸声和心跳声……他愈来愈紧张，愈来愈恐惧，愈来愈感到呼吸困难，一种强烈的濒死感，重重地压迫着他的躯体，他终于忍不住大声嚎叫起来："——啊——！"

随行人员听到了动静，赶紧敲门询问。他满头大汗，强忍着不适，大声说："没事了，只是做了一个噩梦。"

随后，他再也睡不着了，内心强烈的空虚和恐惧感折磨着他。他只好点亮房间里所有的灯，坐在沙发上看了一个晚上的电视。

有时候，看电视也不能驱散内心深处的空虚和恐惧，他就会找个借口，给好朋友打电话，东拉西扯好半天。朋友似乎感觉到了他的异常，就劝他去看医生，无奈之下，他开始四处求医。

他看过全国许多大医院的神经内外科、内分泌科、睡眠科、心理康复科、精神科，也看过名老中医，做过针灸、推拿按摩等治疗，吃过很多中西医药物和抗抑郁、抗焦虑药物，但疗效不佳。

他很痛苦，有时感到生不如死，甚至都想放弃生命……

三

我看了张主任的病历，诊断五花八门：阳性方面的诊断有"睡眠障碍""自主神经功能失调""神经官能症""焦虑紧张综合征""抑郁症""恐惧症""精神分裂症（未定型）""心血不宁""邪毒入心""惊悸怔忡"，等等；更多的是排除任何器质性病变的阴性诊断。

张主任看着我翻阅他那厚厚的病历本和各种检查报告，叹了口气说："王教授，您看我到底是患的什么病？还有治吗？"

听了他对症状的描述，看了他的病历，我心里基本上有底了。

我和颜悦色道："张主任，我心里已经有数了。您没有躯体器质性疾病，您患的是属于精神系统的疾病。"

"是精神病吗？"张主任紧张地问。

"精神病是一个笼统的称谓，它涵盖几乎所有的精神或心理疾病。"我说，"您患的只是其中的一种。"

"那我患的到底是什么病呢？"他很着急。

我说："您患的是焦虑症。这是由性格和遗传因素，以及社会心理因素共同作用下，所产生的一种心理障碍。"

我告诉他：焦虑症，又称为焦虑性神经症，是神经症疾病中最常见的一种，以焦虑情绪体验为主要特征，可分为慢性焦虑和急性焦虑。

张主任问："那么，什么是慢性焦虑？什么是急性焦虑呢？"

我说："慢性焦虑又称广泛性焦虑，是一种情绪症状在没有明显诱因的情况下，患者经常出现与现实情境不符的过分担心、紧张害怕，这种紧张害怕常常没有明确的对象和内容。患者感觉自己一直处于恐惧、害怕、忧虑的内心体验中。比如，您害怕在会议上讲话，害怕走楼梯的边缘，害怕乘电梯，晚上害怕黑暗、害怕独处，等等。可以说，到处都有您害怕的东西，这些都是慢性焦虑的表现。

"慢性焦虑通常伴有自主神经症状，就是头晕、胸闷、心慌、呼吸急促、口干、尿频、尿急、出汗、震颤等躯体方面的症状；还会伴有运动性不安，比如坐立不安、坐卧不宁、发抖、烦躁，很难静下心来等，而在您身上，主要的表现则是难以控制地发抖。

"急性焦虑发作又叫惊恐发作或者惊恐障碍，就像您在那次国际会议上的表现，还有那天晚上您在宾馆套房里表现，就是属于这种情况。

"急性焦虑发作的条件，通常是有特定的触发情境。就像您，触发情境常常是在众目睽睽下的当众发言和黑暗中独处封闭空间等。急性焦虑发作时，患者会突然出现极度恐惧的心理，体验到濒死感或失控感。同时，也会伴有自主神经系统症状，如胸闷、心慌、呼吸困难、出汗、全身发抖等。症状一般持续几分钟到数小时，发作开始突然，发作时意识清楚。

"发作时患者往往会拨打'120'急救电话，去看心内科的急诊。尽管患者看上去症状很重，但是各项相关检查结果大多正常，因此容易诊断不明确也极易误诊。检查后患者仍极度恐惧，担心自身病情，往往辗转于各大医院各个科室，做各种各样的检查，但依然不能确诊。您也是这样，所以才会有那么多的诊断和治疗。"

张主任仍然有些疑惑。他说："我每次发病，都会伴随有不同程度的紧张和害怕，有医生说我患了'恐惧症'，而您说我患了'焦虑症'，我还是不明白这焦虑症与恐惧症的区别。"

我说:"恐惧症,主要包括社交恐惧、场所恐惧及其他特定的恐惧,恐惧症的核心表现和急性焦虑发作一样,都是惊恐发作。不同点在于恐惧症的焦虑发作是由某些特定的场所、特定的物体或者特定的情境引起,如飞机、广场等急速升高或拥挤的场所,或者狗、猫、蛇、老鼠、蜘蛛,等等。患者不处于这些特定场所或情境时就不会引起焦虑。

"恐惧症的焦虑发生往往可以预知,因为患者知道产生恐惧的原因,比如害怕社交,他们会回避社交场所;害怕空旷的广场,他们可以回避广场;害怕蜘蛛,他们可以躲避蜘蛛,等等。患者采取回避行为之后,可以避免焦虑发作。

"而焦虑症尤其是慢性焦虑的患者,他们往往搞不清自己为什么紧张和害怕,搞不清促使他们害怕的东西是什么,所以他们无法回避。"

张主任说:"可是我确实有害怕的东西啊,我知道我害怕在会议上讲话。"

我笑道:"好的,那么我问您,您为什么害怕在会议上讲话?"

张主任说:"因为我怕自己会发抖,会出丑。"

"那么您为什么会发抖呢?您自己知道吗?"我问。

张主任低头想了好一会儿,摇摇头说:"的确,我不知道自己为什么会发抖。"

我说:"您处处害怕,却又不能确定使您害怕的原因;但恐惧症患者的害怕,是有特定的指向和原因的。"

张主任说:"那我要如何治疗才能彻底地根除呢?"

我说:"我们今天就是要找到使您无处不怕的根本原因,只有找到了真正的原因,您才能够彻底摆脱病症的纠缠。"

张主任点点头说:"王教授,我听您的。"

我说:"精神分析派心理学认为,人的任何心理问题都有幼年时期的基础,就是说,人成年后的精神疾病都来自幼年时期的生活经历和生活环境的影响。比如您经常会莫名其妙地紧张不安、坐卧不宁,在会议上发言会发抖等,这些都是潜意识或无意识行为,要想弄明白为什么会这样,就要从您幼年时期的生活经历和生活环境中去找原因。"

张主任在我的引导下,开始回忆他幼年时期的生活……

不久,我发现他似乎在有意无意地回避什么,无论我怎么引导,他的思维总是在外围绕圈子。我知道,他遇到了他的潜意识或无意识防御。于是我改变策略,使用精神分析法和他交流。

他仰卧躺在沙发上,我在他的头顶方向坐下,有意让他看不见我的表情,只听得见我的声音,这样可以减少他的防卫,给我足够的观察空间,让我可以随时发现他的潜意识行为。

我用语言指令引导他自由联想,让他进入小时候的回忆中……

四

他出生在一个农村家庭,父亲是乡镇领导干部,母亲在家务农,有一个哥哥和一个姐姐,他是家中最小的孩子。

镇上离家很远,父亲工作也忙,因此就不经常回家。母亲既要照顾年迈的爷爷奶奶,要种地做农活,还要养育三个孩子,每天都很辛苦,因此有很多怨言和不满,而且经常向他们兄弟姊妹发泄。

他从小就很害怕母亲发脾气,每天母亲从外面劳作回来,他就特别注意观察母亲的脸色。如果母亲不高兴,他就非常紧张,时刻担心母亲会找碴打自己,因此他几乎每天都是在这种察言观色和忧心忡忡中度过。

小学阶段，他的学习成绩一般，因胆小怕事，个头又矮，常常被同学欺负。在学校时，他就盼望上课，因为上课了，同学就不会欺负自己，而下课了，就有同学不时地嘲笑和捉弄他，令他十分狼狈。放了学，他也不想回家，背着书包到处逛荡，因为他担心母亲不高兴，自己会挨打。

上初中的时候，他到镇上的中学寄宿，离开了小学那令人烦恼的环境，又不用整天担心挨母亲的打，他感到脱离了苦海。在那里，没有孩子欺负他，他因此很喜欢那里，喜欢寄宿生活。他努力学习，各门功课的成绩都在不断提高。也许是因为父亲是镇上的领导，老师们也都对他不错，他感到很温馨，想一直就这样生活下去。如果不是发生了那件令人难堪的事情，也许日子就这样延续下去……

自由联想突然中断了，他的思维又回到了现实。他抬头看看我，不再言语。我知道，马上就要触及他的潜意识遮蔽着的深层问题了，如果放弃，就意味着前功尽弃。我决定进一步加强诱导，继续深入。

我开始给他做放松训练，逐渐松弛他四肢和躯干的肌肉张力，在他松弛的状态下，再使用催眠指令，引导他进入更深层次的潜意识状态。

他渐渐进入昏昏欲睡的状态，语调低沉，语速迟缓，语音平直，显然已经进入了催眠状态……

他说，在他13岁那年，不知为什么，他感觉自己越来越容易产生性生理冲动，但又怕被同学们发现，有时候整节课都会胡思乱想，很难受。

后来，他想了一个办法：用一根布带扎住生殖器，再将布带紧紧地系在腰间，这样，即使有生理冲动的时候，也不会勃起，就不会让旁人发现，但是这样上厕所又很不方便。为了不被同学发现，他总是要等到厕所里面没有人的时候才去小便，或者到蹲位上去小便。

有一次，他好不容易等到厕所里没人了，便急匆匆地踏上小便池，解开裤子，松开布带，就要小便，忽听得身后的蹲位上有冲水的声音，吓得他连忙提裤子。他一慌张，布带便掉进小便池里。他手忙脚乱地俯身去捞，手一松，裤子又掉了下来……就听见身后有人说："你在干什么？"

他回头看见同学诧异的眼神，顿时感到万分羞愧，满面涨红，手足无措。

那个同学什么也没说就走了，但是他却如同失了魂一般，呆呆地站在原地，好半天才慢慢回过神。他回到教室之后，感到同学们都在叽叽喳喳地议论纷纷，有人在他身后指指点点，连老师看他的眼神都变了。他心烦意乱，如坐针毡。

好不容易挨到下课，他快速回宿舍，跳上床，把头钻进被子里，不敢再听外面的声音。随着同学们也回到宿舍，渐渐地他觉得屋里屋外好像都是嘲笑、责骂和议论他的声音。他紧紧地抓住被子，死死地捂住自己的耳朵，但是声音仿佛似潮水般不断地涌进他的耳朵……

从那以后，他变得沉默寡言、疑神疑鬼，整天躲躲藏藏，学习成绩也一落千丈。到后来，他干脆不去上学了，缩在父亲的单位宿舍里，不敢出门。幸亏父亲单位的一位伯伯，看出了问题，建议给他换一所学校。后来，父亲就把他换到了县城里的一所中学，他的心情也就慢慢地平复下来。

在县里的中学，他很勤奋，学习生活也再没有出什么差错，学习成绩也逐步提高，考上了本省的一所重点大学。

大学毕业后，他像父亲一样从基层做起，一步一步地升到高位……

五

终于找到了张主任疾病的源头，我把他从催眠状态中唤醒，准备进行认知疗法治疗。

我告诉张主任:"您之所以会患上焦虑症,是因为您从小形成的神经症性格,使您具有易患神经症的心理病理学基础。而所谓'神经症',就是焦虑症、恐惧症、强迫症、疑病症等一类疾病的总称。凡具有神经症性格的人,基本上都有性格内向、情感细腻、缺乏自信、体验深刻、追求完美、患得患失、在意别人的评价等一系列性格特点中的某一部分,您也是如此。"

张主任有点迷惑地问:"您说的没错,我就是您说的这种'神经症性格',可是,我为什么会有这样的性格呢?"

我说:"一个人性格的形成,既有遗传基础,又受社会、心理因素的影响。就是说,您有从您的父母或更上一辈人那里遗传得到他们身上的性格特征。"

张主任说:"是啊,我的性格和父亲很相似。但是,我哥哥的性格就不太像父亲,倒是有点儿像我母亲,而我姐姐的性格既不像父亲,也不像母亲。"

"有遗传,就会有变异,"我说,"就算是同卵双胞胎,姐妹或兄弟之间,性格都会迥然不同。还有社会、心理因素的作用。比如,在您幼年的时候,由于您父母的感情不好,父亲又常年不在家,母亲家务繁重,感情上又得不到安慰,于是就很焦躁,经常向孩子们转移负面情绪。而您的哥哥姐姐都在学校上学,家里只有您还没到学龄,所以您被打骂和责备的机会就很多,再加上您在小学阶段被同学歧视和欺负,这些都会使您缺乏安全感,容易自我否定。您习惯于察言观色、在意别人的评价、消极的情绪体验和焦虑不安感,等等,都是源自于此。"

张主任还是有点不明白。他问:"难道这些就是我患焦虑症的原因吗？"

我继续细致地分析引导："这些神经症的性格特点，导致您极易患上神经症。因为您强烈地不自信，所以您就会胆小谨慎，就会害怕进取，不敢创新和冒险；因为您处处在意别人的评价，把自己的评价体系任由别人主宰，您就会察言观色、患得患失和追求完美；因为您缺乏安全感，您就会时时忐忑不安、杞人忧天，总是会担心祸从天降。"

张主任点点头说："是的，我总是有不祥的预感。过马路时，我看着川流不息的车辆和行人，眼前常常会闪现车祸的惨烈场景；从楼下路过时，我又担心高空坠落的东西会砸死自己；站在高楼的阳台往下看，我仿佛看到自己失足摔下去，摔得粉身碎骨……"

"这些都是自幼缺乏安全感造成的。所以您遇事就非常容易给自己不良的暗示。当然，如果没有在初中阶段那件遏制自己生理性冲动的事件发生，您也许不会成为神经症患者。"我说，"精神分析派心理学的鼻祖弗洛伊德认为，人类进入文明社会之后，借助生产力的发展，几乎所有生理需要都能得到满足，唯独只有性的需要不能随心所欲，必须压抑或掩饰。他认为，性的压抑，是导致各种精神疾病和心身障碍的根本性原因。"

张主任说："您的意思是，我平时的坐立不安、恐惧黑暗，因害怕在会议上发言导致的发抖、大汗淋漓等，归根结底都是性压抑造成的，是吗？"

我笑道："张主任，您在青少年时期的性压抑，以及随后发生的一系列事情，已经深深地进入了您的潜意识，它们一直在影响着您生活的每一个细节。经过今天的精神分析治疗和认知疗法治疗，我把您隐藏着的潜意识动机与行为意识化，使您真正地看清楚自己患病的根本原因。这样，就为您彻底摆脱神经症的纠缠，创造了条件。"

张主任高兴地握住我的手,说:"那真是太感谢您了!"

"接下来,我们还要制定一个周密的治疗计划,您需要定期做心理咨询,还要进行精神动力学治疗,比如暗示疗法、催眠疗法、精神分析疗法和认知疗法等,并辅以抗焦虑和抗抑郁药物治疗。"我说。

六

此后,我连续对他进行了 3 个月的综合治疗。他的精神越来越好,谈吐之间也渐渐充满自信,那种欲言又止、谨慎多疑的神态一扫而光,开会发言声音洪亮,果敢干脆,再也没有发抖的症状出现。

一天晚上,正值"两会"期间,我打开电视机,正好看到"张主任"在会议上侃侃而谈……

强化的力量

> 孩子为什么变坏了、变懒了、变得无用了、变得不通情理了？归根结底——强化，错误的强化造成的。强化的类型可分为两种：正强化和负强化。正强化就是奖励，负强化就是惩罚或者取消奖励。在对孩子的教育中，无论使用正强化或负强化，只要能科学地教育和引导孩子进步，就是正确的强化行为。

一

一个厅级干部，很年轻，四十岁左右。他因结婚晚，孩子才七八岁。他的孩子出了什么问题呢？天天闹。这个孩子看到想要的东西就一定要得到——"你不给我买，我就在地上打滚。"

他和妻子被闹得没有办法，只好马上给他买，要什么就买什么。买了东西以后孩子立刻爬起来不闹了。等下一次他又想要东西了，于是再闹，变本加厉，闹得更凶。经常闹得他不能上班，甚至大年三十不能回家。

有一年除夕夜，一家人在外面放烟花、鞭炮。最后，烟花和鞭炮放完了，要回家，但孩子不干了，还要继续。

"已经玩够了，回家吧。"妈妈劝道。

"不行，我还要玩，还要去买。"孩子正在兴头上，哪里肯罢休。

"没有卖的了，商店都关门了。大家都回家过年了，到哪去买呀？"

"不行，你非得给我买，不买我今天不回去，不回家了！"孩子立刻坐在地上打滚、哭闹。

这孩子一年闹到头，除夕之夜也回不了家，这种日子可怎么过啊！夫妇俩坐在马路边抱头痛哭。两个大人被7岁的孩子弄得束手无策，可笑吗？我一点也不觉得可笑。我觉得可怜。

二

巴甫洛夫是苏联的生理学家及心理学家，1904年他获得诺贝尔生理学奖，是苏联第一个获得诺贝尔奖的科学家。他通过狗的实验，提出了经典性条件反射的理论——行为医学的治疗手段、行为矫正法的理论原型。

实验中，狗面颊上的腮腺管被切开，有一条管道将狗所分泌的唾液输送到一个计量器里。狗的上方是一个铜铃，前下方是一盘肉，实验者一拉线，铃声就会响起来，实验者同时拉动操作杆，肉就会被送到狗的面前。

实验刚开始时，实验者拉响铃声，狗无动于衷，没有一点反应，腮腺也不分泌唾液。显然，此时的铃声对于狗是个无意义的中性刺激物。

实验者又把盛着肉的托盘拉到狗的面前，狗瞬间变得十分激动，通过管道观察到它的腮腺分泌了大量的唾液。显然，肉对于狗是个有意义的刺激物。

接着实验者把盛着肉的托盘拉到狗的面前，同时拉线，使铃声响起来，狗照样会产生大量的唾液。这样，肉和铃声结合，同时多次出现，到后来即使肉不再出现，仅仅给狗听铃声，狗也会分泌出大量的唾液——这就是经典性条件反射的形成。

在这个实验中，肉是强化物，铃声本来对狗是毫无意义的物质，结果因为跟肉结合在一起，变成了有意义的物质，狗通过这个实验学会了对铃声产生兴奋和分泌唾液的行为——这是不断使用肉来强化的结果。

在经典性条件反射的实验中,实验者使用肉作为强化物,对狗的进食行为进行强化,结果让狗学会对铃声分泌唾液。现在我们就可以用这个原理来矫正孩子的错误行为。

大家在海洋馆看到海狮、海豹在看台上拍手、顶球,顺着驯兽员的手势做各种各样的高难度动作。它们做对了一个动作,驯兽员就喂给一条鱼,做错了就不给,从此它们就会学会了驯兽员所期望的动作。

又如马戏团的大狗熊表演。大狗熊那么胖,那么笨,那么庞大,居然能够骑着小自行车,围着场子转,一点都不会出问题,为什么?这也是驯兽员通过食物强化得来的,当它做对了一个动作,驯兽员就喂给它食物当作奖赏——于是就训练出了大狗熊高超的技术。

三

为什么这个孩子不听话,不是孩子坏,而是父母做错了,是他父母采取了一个错误的强化措施。就是在孩子哭闹的时候给他买东西。只要他一哭一闹父母就给他买东西,哄住他,这样他的哭闹行为就得到了不断地强化。

通过这个强化的结果,孩子就会知道父母怕我哭,怕我闹,我只要闹、只要哭他们就会妥协,就会满足我的愿望。从此他就开始哭闹,因为闹而获得了你们不得不买的东西;因为闹而使自己的愿望获得了满足,这样他的哭闹行为就不断地被强化,从而形成恶性循环。

现在我们的媒体上经常说,我们的后代不知好歹、好逸恶劳、不思进取,"90后""00后"是问题的一代,等等。

这是什么原因？孩子为什么变坏了、变懒了、变得无用了、变得不通情理了？归根结底——强化，错误的强化造成的。强化的类型可分为两种：正强化和负强化。正强化就是奖励，负强化就是惩罚或者取消奖励。在对孩子的教育中，无论使用正强化或负强化，只要能科学地教育和引导孩子进步，就是正确的强化行为，否则就是错误的强化行为。

四

我告诉他，说："从今天开始，你做到以下三点：第一，他越闹，你越不理他；第二，他不闹了，你再买东西给他，或者买好他喜欢的东西放着，等他不闹了再给他；第三，他哭的时候，你不吭声，继续做你的事。"

他说："他会摔东西，会上房揭瓦！"

"不会的。"我说，"他一开始闹，你就起身离家，把他扔给家里的老人或者保姆照看，任他去哭，由他去闹。"

"不行啊，在那冰凉的地上滚来滚去，孩子会感冒的。"

"你看，问题来了吧！不是孩子的问题，是你们的问题，你们心痛了吧？孩子很聪明，他知道谁疼他。谁疼他，他就折磨谁。他为什么不这样去折磨保姆？折磨老师、同学？"

厅级干部照我说的做了。

孩子一旦哭闹，他们就继续做自己的事，对孩子不予理睬。这个孩子滚了一阵子以后看到没有效果，也就不闹了，赶紧从地上爬起来。孩子爬起来以后，父母就给他奖励，买他想要的玩具。

就是这样过了三十多天，孩子的情况完全变好了。

遗尿症

> 遗尿症，俗称尿床。有原发性和继发性之分。一般情况下，小孩子如果五六岁以后还经常性尿床，如每周两次以上并持续达6个月，就被认定患有遗尿症。且绝大多数的尿床都是原发性的，即除尿床之外无其他伴随症状，无器质性病变，理化检查均在正常范围。遗尿症的危害是由于自尊长期受损而导致的心理障碍。

一

张哲民今年45岁，他找我做咨询是因为男女朋友关系处理不当而引发的失眠症。

他跟他女朋友认识，是在飞机上。他女朋友是北方人，皮肤白皙，身材高挑。张哲民虽年龄大她不少，但平日喜欢运动，身材保持得不错，相貌也显年轻，又舍得花钱。

他的女朋友跟了他两年多，研究生快毕业的时候提出来要跟张哲民分手，而且态度很坚决。

张哲民傻眼了，没想到原本乖巧听话的女孩，一言不合就搬出了住处，拉黑了他的微信，把他的电话号码也拉进了黑名单。张哲民联系不上她，就去学校找她，她的同学说她早就搬出去住了。张哲民无奈之下找了私家侦探，查明了女朋友的新住处。

有一天晚上他喝了酒，仗着几分醉意就找上门去闹事，结果女朋友没见着，还被几个五大三粗的男人狠狠地揍了一顿，末了还警告他，下次再来，一定要打断他的腿，云云。

这下子张哲民彻底没招了，整天待在房间里喝闷酒，醉了倒头就睡，就这样持续了十几天。

后来他渐渐没了睡意，白天黑夜都睁着眼睛，精神还很好，整天处于亢奋状态，到处游走，找人聊天，滔滔不绝地东拉西扯，说得朋友们都害怕了，都劝他回老家养病。

好不容易才把他哄回家，没几天他又回来了，接着又是不停地来回穿梭，折腾大家。

朋友们没办法了，就把他送到精神病专科医院治疗。

医院给的诊断是"躁狂发作"，在经过了镇静和抗躁狂药物治疗后，躁狂症状消失，但是慢慢变成顽固性失眠了。

他连续一个多月很少睡眠，每天就迷糊两三个小时，其他时间基本上都是处于清醒状态，因此他服用了很多安眠药，开始还管用，后来也没疗效了。

后来他又到省人民医院的睡眠科治疗，经过了"生物反馈治疗仪"和"睡眠治疗仪"的治疗，还扎针灸，吃中药，治疗了快一个月，也不见多少疗效。

二

张哲民满脸愁容。

他说："王教授，我这个失眠症恐怕是治不好了，我吃了一堆的药了，到处看病都没有用。不瞒您说，我还找过大师，给我念咒驱鬼，也照样没用。我怎么办啊？女朋友没有了，自己又病成这样，生意也没法照看。我每天晚上都要喝上一瓶葡萄酒才能勉强入睡，结果，一小时左右就会醒来，再就无法睡着了，眼睁睁地到天亮。奇怪的是我白天竟然也没有睡意，但是脑袋昏昏沉沉的，整天都不清醒，我真的很痛苦啊！我简直要不想活了！王教授，您想想办法，救救我，拜托了！"

我说："单纯的失眠症是比较少见的，一般的睡眠障碍都是因为心理或社会因素所导致的心理或精神疾病的并发症，所以在治疗时，要对因治疗，既要治疗心理或精神疾病，也要治疗睡眠障碍，采取综合治疗的手段，包括心理咨询、放松训练、催眠疗法和药物治疗等方法综合来治疗。"

"那我的失眠是什么原因引起的呢？"张哲民问。

"你的情况可能比较复杂。"我说，"根据你的临床表现，基本上可以排除单纯的失眠症。你可能患有精神疾病，比如躁狂症就是情感性精神障碍的一种。而任何一种心理或精神疾病的发病，都是社会因素与之相互作用的结果。所以你需要认真地回忆一下，你自幼年时期开始的生长环境、受教育的经过以及各种相关的生活事件，等等。"

"这些跟我的躁狂症和睡眠障碍有关系吗？"张哲民有些不解。

"当然有关系。"我说，"你过去在其他医院之所以治疗无效，就是没有追根溯源，没有去找根本性的原因。按照精神分析的理论，一旦我们找到了你患病的根本性原因，弄清它的致病机制，并且让你彻底地明白这些道理，让你对疾病从无知状态、'无意识'状态，变成'意识'状态，把你的'无意识''意识'化，这样你的病就会好了。"

"不用吃药和做其他治疗吗？"

"要根据实际情况适当配合其他疗法治疗。"我说，"现在国际上不主张单纯使用单一的疗法来治疗心理或精神疾病，发达国家的心理科和精神科医生约有 3/4 以上的人，会采用两种或两种以上的治疗方法来治疗心理或精神疾病。"

三

接着，我对张哲民开始进行精神分析治疗。

我让他半卧位躺坐在精神分析椅上，我坐在他的头顶方向的转椅上，这样我可以一览无余地观察到他的表情和神态，而他则无法看到我的表情和动作。这是进行精神分析的基本要求。

在我的言语指令引导下，张哲民按学龄前、小学时期、初中时期、高中时期等分阶段进行联想追溯——

他回忆自己在学龄前三四岁，有尿床的习惯。每次尿床，父母都会打骂和斥责他。导致他每晚上床睡觉之前都会很紧张，特别害怕尿床，可是，越害怕，就越会尿床。有时候一觉醒来，发现自己尿床了，他生怕父母发现，就这样睡在尿湿的被子里，一动不动地等着天明。第二天早上起来，少不了又是一顿打骂。这还不要紧，关键是，妈妈还会把这些丑事告诉亲戚朋友和街坊邻居，弄得他万分羞愧，无地自容。

随着年龄的增加，他尿床的毛病越来越严重，而且每次的尿量也越来越多，有时候被褥和床垫都湿透，一直滴到床下。父母实在没有办法，就只得在地下铺上塑料布，再垫上化纤床垫，连被子也是化纤的，随便他尿了。他的整个童年，都是在充溢着尿臊气的被褥里度过的。

这样导致他从小就非常自卑，胆小怕事，内向而孤独，不善言辞，回避社交，遇事多思多虑，谨小慎微，看人都不敢直视，整天忧心忡忡……

张哲民说着说着突然号啕大哭起来。

我没有安慰他,也没有劝阻,只是静静地看着他痛哭。我知道这时已经触及他的潜意识深处,他在彻底地宣泄过去几十年压抑着的痛苦。

我因势利导,进一步引发他的情感倾泻。于是,我继续用言语指令引导他深入进行自我探索。

进入了高中阶段之后,按照学校规定必须住校。张哲民怀着战战兢兢的心情住进了学生宿舍,果然在第一天晚上他就尿床了。

学校有纪律,平常不许回家,只有星期天的下午才有半天的假。他不能及时把被褥拿回家换洗,只好睡在尿湿的被窝里,整夜不敢合眼,生怕再次尿床。幸好当时是在9月份,北方的天气还不是很凉,薄被褥睡一睡很快就干了,可是,下一个晚上再尿了怎么办啊?张哲民万分焦虑。不管他怎么小心提防,不管他睡得如何浅,一个星期,他总会尿三四次床。

他每天都祈祷老天爷发善心,能有一个好天气,这样他就可以晒晒被褥了。为了不让同学们发现,一遇到好天气,他总是在上午第一节课下课后,飞速地奔回宿舍,迅速地把被子拿到楼顶的阳台上去晒,再利用下午的课间休息时间,跑回去收被子。好天气不会总是有,遇到阴天或下雨的天气他就惨了,就只能睡在尿湿的被子里了。

北方的冬天寒风刺骨,滴水成冰,学生宿舍里面又没有暖气,冷得像冰窟窿。尿湿的被褥结了一层冰,晚上他躺在里面,冻得全身瑟瑟发抖,眼泪也止不住地流下来……

他真的很想去死,死了就没有终日的紧张和焦虑,没有整天察言观色,不必担心同学们发现自己的丑事,没有每晚惴惴不安地不敢入睡,没有时时刻刻担心第二天不出太阳……

好几次深夜里,他站到宿舍楼顶层阳台的栏杆外面,久久伫立,只要向前迈一步,他就能永远地远离这一切烦恼了。

可他没那么做,不是舍不得父母,他觉得父母根本就没有爱过自己,他也不眷恋世间的一切,反而感到人生有太多的烦恼和苦难,真的想彻底解脱。只是一想到从此长眠,他又不甘心,自己还这么年轻,人生才刚刚开始,就这么死了,值得吗?

站在凛冽的北风中,他始终没有迈出那一步。

在学校坚持了一年多,他实在挺不下去了,在高二那年,他终于退学了。退学之后,父母对张哲民更是责骂有加,整天横挑鼻子竖挑眼的。

家里实在待不下去了,张哲民就跟着同村的一个表叔南下去广州打工了。

在广州,他跟表叔同住一个出租屋。表叔知道他尿床的毛病,没有歧视他,反而告诉他,超市里有成年人用的纸尿裤,叫他买了晚上穿上。于是,他白天和表叔一起在电子厂打工,晚上就穿上纸尿裤睡觉。纸尿裤的确能防止尿床弄湿被褥,他的心理压力陡然减轻。慢慢地,尿床的毛病竟然不知不觉就好了。

张哲民是一个极其聪明的人,他的表叔又非常善于钻营。叔侄俩在广州苦干了几年,积攒了一些钱,就合伙开了一家店铺,经营室内装修用品。恰逢那几年广州房地产蓬勃发展,他们的生意做得风生水起,赚到了人生的第一桶金。

后来生意越做越大,张哲民就与表叔和几个老乡一起创立了公司,并在好几个省开设了连锁店。就在那时,他遇到了他那位读研究生的女朋友。

四

"王教授，难道我的睡眠障碍跟我小时候的尿床毛病有关？"张哲民问道。

"那当然啦，"我说，"你胆小、怯弱、自卑、内向、多思多虑等神经症特质的形成，与你幼年时期尿床习惯以及父母对你的错误态度有关。你父母粗暴的教育方式造成了你的神经症性格，而你的神经症性格正是你患上心理障碍的内在因素。"

张哲民问："为什么孩子容易有尿床的毛病呢？而且，像我还延续到高中时期。"

尿床的毛病，医学上叫作"遗尿症"。一般情况下，孩子在1岁或1岁半时，就能建立膀胱反射，在夜间就能控制排尿了，尿床现象已大大减少。但有些孩子到了2岁甚至2岁半后，还只能在白天控制排尿，夜间仍常常尿床，这依然是正常现象。大多数孩子3岁后夜间不再遗尿，如果五六岁以后还经常性尿床，并且每周两次以上并持续达6个月，就被认定患有遗尿症。遗尿症是一种常见病，在我国男孩比女孩患此病的概率高。

尿床有原发性和继发性之分。原发性遗尿症，俗称尿床，是指人类处于睡眠状态把尿液排泄在床上，当事人不得而知或在梦中发生，醒后才知道。多为单纯性、持续性，即除尿床外无其他伴随症状，无器质性病变，理化检查均在正常范围。绝大多数的尿床都是原发性的。有2%~4%的患儿遗尿症状可持续到成年期。遗尿症的危害主要是由于自尊长期受损而导致的心理障碍。

继发性遗尿不分白天夜晚、床上或非床上、清醒或非清醒状态均可发生，除尿床外还有其他更明显的临床症状和病理表现，多为器质性病变，诸如下尿路梗阻、膀胱炎、神经性膀胱（神经病变引起的排尿功能障碍）等疾病，多为伴随性和一过性，即可随其他病变好转而好转。

尿床患者随着年龄的增长，症状或许有所改善，停止尿床。但停止尿床可能需要几年的时间。

夜遗尿症通常在家族中显性遗传，若父母都曾为夜遗尿患者，他们的孩子便有 3/4 概率患病；若父母一方曾为遗尿患者，他们的孩子有 1/2 的概率患病。

张哲民想了想，又问："如果发现孩子有了尿床的毛病之后，家长应该怎么处理才不至于导致像我一样的后果呢？"

在发现孩子尿床后，父母绝对不能打骂孩子，这样做不仅不能减轻孩子的尿床症状，还会大大加重孩子的心理负担。

孩子害怕受到父母的惩罚，情绪越紧张、越焦虑、越担心尿床，就越会控制不住地尿床。

所以，一旦发现孩子尿床后，父母应该这样做：

1. 和颜悦色地安抚孩子，并告诉他（她）别害怕，小孩子都会有这样的过程，没关系的。给孩子穿上纸尿裤，让他（她）放心地睡觉。

2. 在晚饭后禁止或减少孩子饮水，睡觉前排尽小便，夜间定闹钟（最好采用震动定闹的方式，以免惊动孩子，造成睡眠障碍），唤醒患儿起床排尿 1~2 次。因为小孩膀胱比成年人小，夜间定时排尿，可有效避免尿床。

3. 白天有意识地对孩子进行膀胱充盈训练，嘱咐孩子尽量延长排尿间隔时间，就是所谓的教孩子"憋尿"。白天让孩子增加饮水次数，然后教他（她）尽量憋住小便，适当减少上厕所的次数，逐渐上厕所的间隔时间由每 30 分钟~1 小时 1 次延长至 3~4 小时 1 次，以扩大膀胱容量。

4. 条件反射训练。用一套遗尿的警报装置，训练患儿在遗尿前惊醒。在患儿身下放一电子感应垫，并和蜂鸣震动器相连接，一旦感应垫被尿湿时，就触发蜂鸣震动器发声并震动，惊醒患儿起床排尿。一般经 1~2 个月的训练可使 70%~80% 原发性遗尿症获得治愈。

通常情况下，只要经过前面 4 项措施，基本上不用采取药物治疗就能治愈大多数孩子的遗尿症。

五

张哲民深叹一口气，说："如果我的父母能早一点知道这些知识，我小时候就不会遭受那么多的痛苦了，那时候的我真的是痛不欲生啊！"

张哲民拧紧着眉头好一会儿，又说："正如您说的那样，遗尿症是有显性遗传倾向。我的儿子今年 9 岁了，也患有遗尿症。每个星期，总有几次尿床，看过不少医生，也没有什么效果。幸亏我们不像我的父母对待我那样对他，所以他好像心理没受到影响，性格还是很开朗。等我回家试试您的办法，如果不行，就带孩子来找您治疗，好吗？"

我微笑道："好的。不过孩子已经 9 岁了，简单的行为训练可能不能从根本上解决问题了，你回去先试试我刚才的方法，如果不行再来做综合治疗……"

张哲民的心理咨询与治疗进行了 3 个多小时。他的心情逐渐变得开朗，愉快地跟我道别，并约定晚上到他下榻的酒店做催眠治疗。

再接下来，我不说大家也能想到，经过治疗，张哲民的顽固性失眠治愈了，躁狂症症状也消失得无影无踪了。

病理性偷窃

> 偷窃癖又称为病理性偷窃，是一种心理障碍，属于意向控制障碍的一类，是具有要进行某些社会规范所不允许行为的强烈欲望并付诸实施的心理障碍，目的在于获得心理上的满足，而不是为了满足其他的目的和利益。

一

一位正在读高中二年级的女孩，在看了我在电视台的定期节目《情感心理访谈》之后，给我写了一封求助信。她在信中说：

王教授、主持人老师：

　　我是一个生长在农村的女孩子，小时候由于我们那里的风气不是很好，而父母对我的管教也很少，于是我和村里的其他几个女孩子，在玩耍、游戏之时，渐渐地喜欢上了偷盗这项既刺激又冒险的活动。

　　我们经常偷别人的红薯、芋头、鸡蛋，等等。当时我们偷得这些东西之后，就聚在一起分享我们的"成果"和冒险之后的快乐。慢慢地，我们开始回家去偷钱买零食吃，虽然被父母发现会被狠狠地打骂一顿，并且也保证今后不再偷钱、偷物了，但是只要一看见小卖铺玻璃橱窗里的零食，我们又忍不住再一次去偷父母的辛苦钱。一次又一次地偷窃，一次又一次地被发现、被打骂、被惩罚，一次又一次地后悔、检讨和保证。就这样，伴随我走进学校，开始上学。

在学校里，因为老师的教育，我们懂得了偷窃是一种可耻的行为，于是后来在很长一段时间里，我都再没干过这种既"刺激"又"好玩"的儿时游戏。可是有一天，我突然发现自己的铅笔、橡皮不知被谁拿走，于是气愤之下，过去压抑着的冲动一下子释放出来了，我再一次开始了"偷窃生涯"。

进入中学后，我的偷窃欲望变得愈来愈强烈，所偷的东西也愈来愈广泛，小到钢笔、记事本、发夹、零钱，大到手表、手机、手提包、钱包，等等。几乎凡是我看到的不属于我的东西，我都想将其占为己有。我现在已是高中生了，我知道这种行为很卑劣、很无耻，从心里来说，我也不想这么干，可就是控制不住自己。

在每一次偷窃前，我总是在心里说："不可以这样做！"可是手却不由自主地去做了。每一次在做之前，我都会感到很紧张，喉咙发干、心跳加快，但一旦东西到手之后，立刻就有一种无法形容的快感和满足感。有时所偷的东西，根本就是自己不需要或是用不了的东西。比方说笔吧，我现在已有各式各样的笔一百多支了，但是一见到笔还是忍不住要偷。每一次偷过之后，我都在心里发誓说，这是最后一次，可过后又管不住自己。尤其每当我看到被偷的那些同学那种着急、伤心和气愤的神情时，心里就非常非常的后悔，也感到十分痛苦。

我真的很恨、很讨厌自己！我为什么会变成这样一个人呢？我今后怎么办呢！王教授，请您帮帮我吧！

……

二

在仔细分析了这位女孩的来信，并约她做过心理咨询之后，我可以确认她是一位偷窃癖患者。

偷窃癖又称为病理性偷窃，是一种心理障碍，属于意向控制障碍的一类，是具有要进行某些被社会规范所不允许行为的强烈欲望并付诸实施的心理障碍，目的在于获得心理上的满足，而不是为了满足其他的目的和利益。

意向控制障碍包括病理性纵火（纵火癖）、病理性偷窃（偷窃癖）、拔毛癖、冲动控制障碍和未特定的意向控制障碍5种类型。

其中病理性偷窃（偷窃癖）的特点是：1.病人有一种不可抗拒的偷窃冲动和偷窃行为，并且反复出现，不可克制；2.偷窃前没有预谋，所偷之物并非当前所需，也不计较该物品的价值，凡有冲动之时就去偷，无论巨细就是想占为己有；3.行窃前有紧张感，并可逐渐加重，同时伴有一定程度的焦虑不安；4.行窃时有明显的快感，东西到手后，行窃前的紧张不安和焦虑情绪会立即缓解，并随之出现愉悦和满足感；5.偷窃不是为了发泄愤怒，或出于报复的目的；6.以上症状和表现可呈周期性反复出现，司法惩罚和思想教育无法根除和改善。

这个女孩的偷窃行为在其幼年时即具备了偷窃癖的特点。比如，她在与同伴们行窃时，都是将这种行为当作一种游戏来进行的——"渐渐地喜欢上了偷盗这项既刺激又冒险的活动"，而偷到的东西无非是"红薯、芋头、鸡蛋"等这些她们生活中的非必需品。她们每次行窃后都"聚在一起分享我们的'成果'以及冒险之后的快乐",这也明显是一种满足偷窃冲动之后的一种欣快感和愉悦感。后来发展到偷家长的钱去买零食吃,这里面虽有一些获益的成分,但仍存在着满足偷窃冲动的因素在里面。

上学后,这种偷窃冲动和行为愈加向着偷窃癖的方向发展并逐渐固化:"几乎凡是我看到的不属于我的东西,我都想将其占为己有""每一次在做之前,我都会感到很紧张……一旦东西到手之后,立刻就有一种无法形容的快感和满足感。有时所偷的东西根本就是自己所不需要,或是用不了的东西……"等,这些都符合偷窃癖的特点。

尤其典型的是,女孩的心里已认识到偷窃是一种很卑劣、很无耻的行为,而且每次偷过之后均深感后悔,并发誓不再犯,但一见别人的东西,仍然毛病如昔,忍不住要偷。如此反复循环,愈演愈烈,内心十分痛苦——这就是病理性偷窃与非病理性偷窃的重要区别之所在。

非病理性偷窃不仅不为自己的行为感到后悔、羞耻和痛苦,也不会认为这是一种卑鄙、可耻的行为,反而泰然自若、心安理得,并且其偷窃行为常常是有预谋和有准备的,偷窃的目的是为了获取经济上的利益,或满足某种物质上的需要。

三

20世纪90年代,在日本曾发生过一件有名的病理性偷窃案例。

有一个世界著名的跨国服装设计公司,在其属下的东京数家大型商场布下暗探和高清监视摄像机,专门跟踪、监控一位贵夫人。这位贵夫人身价逾百亿，但却是一名偷窃癖患者。她对金银玉饰和宝石钻戒不感兴趣，却对各种高级服装和诸如胸花、胸针之类的小配饰情有独钟。

最重要的是她似乎有着天生的鉴赏能力，凡被她偷过的服装、服饰，一经推出，即会成为深受中、上层女性喜爱和欢迎的热门服饰。她每隔一段时间，就要定期光顾各大商场，去偷窃那些对她来说并不值钱，也不需要的服装、服饰。在她家里，各种偷来的东西堆积如山，可她却从不穿戴。服装设计公司也从不揭穿她，反而发现她偷什么，就向社会重点推介什么，结果每次都能一炮打响，并为公司带来了丰厚的利润——这名偷窃癖患者，竟成了他们的当家宝贝！

这一事例，后来成了病理心理学与社会心理学的典型案例，被心理学教授们引入大学课堂进行详尽的解析和示教。

四

病理性偷窃和非病理性偷窃在临床处理上有根本性的不同，前者需要进行系统的心理治疗。

根据病人偷窃行为形成的原因及发展和固化的过程，设计一套行之有效的行为矫正方案或者认知行为疗法，因人而异地进行医患双方密切合作的系统性治疗。

这是一个漫长而艰巨的过程，但也是唯一能够缓解和彻底根除病症的有效方法。

特别需要强调的是：家长和社会千万不能对偷窃癖患者滥施惩罚，尤其是司法处罚，因为这不仅不能根本解决问题，反而会使患者的病情加重，使得偷窃行为更为泛化和严重，并会给以后的心理治疗造成更大的困难。

后来，这个女孩经过3个月的意象厌恶刺激法和系统脱敏法治疗，得已痊愈。

引狼入室

> 即便是亲兄妹，如果没有良好的性道德教育，没有严格的管束和指导，长期在一起耳鬓厮磨，也会出事。对于阿伦，首先要把他看作雄性动物，其次才是堂哥。
>
> 男孩或女孩完全的性成熟，需要性心理学和社会学上同时成熟，这就意味着，他们在性生理成熟的同时，还要经历社会化过程中的成熟。

一

"她今年才15岁啊，王教授，请您救救我的孩子吧！"

说这话的是Y市的市长助理崔凯，他双手抱头，痛苦万分地坐在我办公室的沙发上。

他的女儿叫小溪，刚刚念初三，平时因为工作太忙，他对孩子关心得不够多。小溪的母亲是一个企业的执行董事，所以也不能经常回家。小溪只好委托她的姨妈代管，住在Y市姨妈的家里。

前几天，小溪在电脑上玩QQ，忘了下线就去洗澡了。姨妈偶然看了一眼小溪QQ聊天的内容，不禁惊呆了。

原来小溪同时在跟好几个成年男人聊天，谈话的内容都很暧昧，充满了露骨的挑逗和暗示。其中和一个叫"梅州夜话"的男人，有许多色情语言。

姨妈立刻把这件事告诉了崔凯。崔凯找人很容易就破解了小溪的QQ密码。原来，小溪早就跟几个男人有了肉体关系，其中，和"梅州夜话"

来往频繁。就在当天晚上，小溪还说好去他的出租屋约会。

崔凯非常苦恼地对我说："王教授，我真不明白，我们家一直是正统教育，对小溪的管教也十分严格。虽然是独生女，但我对她从来不溺爱，该打的就打，该骂的就骂，惩罚和奖励都在理上。她自小也从未跟坏孩子们玩过，是乖巧听话的孩子，老师们都很喜欢她。学习成绩也不错，她从小到大不断地被评为三好学生，怎么突然就变得这么坏了呢？"

我说："影响孩子成长过程的因素有很多，通常来自家庭、学校和社会这三方面，一般情况下，来自家庭的影响会占绝大部分。具体到你们的家庭，也许在孩子的教育方面你们已经做得很完善了，但是许多特殊的境遇和突发情况，往往会起到决定性的作用，而且往往是无法预知和难以掌控的。要想彻底地解决问题，就必须要找到问题的根源，而要想找到问题的根源，我必须要跟小溪认真地交谈……"

二

小溪第一次跟我见面的地点是在我的咨询室，那是一个初秋的上午。

小溪和她爸爸进来后就一直躲避我的目光，我招呼他们坐下，给他们端茶倒水，小溪的眼睛始终盯着地板。

为了消除她的防备心理，我语气温和，随意地询问起她的学习生活和兴趣爱好等方面的情况。

20分钟后她的情绪逐渐松弛下来，也能跟我进行正常的眼神交流了，于是我就暗示她爸爸离开。

我温和地对小溪说："小溪，你大概也知道，你爸爸今天为什么要带你来我这里，我们能不能敞开心扉，好好地谈一谈？"

小溪看了我一眼，默默地点点头。

我说："小溪啊，我不是你的家长，也不是你的老师，我不会站在他们的立场上，用他们的方式来教训你、批评你。心理医生是你的朋友，我们之间的交流是为了解决问题，而不是为了挑你的毛病，来谴责你，让你难堪。你要真心地把我当成你最好的朋友、你的闺密一样，这样我们之间就能深入地讨论一些问题，就可以无话不谈了。"

小溪低着头说："我知道，这回我真的错了。"

我说："在这种事情上无所谓对错，男欢女爱是人之常情。人类性生理的成熟，一般是在男孩首次遗精、女孩首次月经之后的一至两年，具体情况因人而异，不同人种、不同种族、不同地域、不同气候条件都有不同。相对亚洲的黄种人来说，我国近代就有男孩9岁当父亲，女孩10岁怀孕的报道。我国古代常说的"二八佳丽"，说的就是16岁的女孩。其实十五六岁的女孩，性生理上已经成熟，但还不代表完全的性成熟。完全的性成熟，需要性心理学和社会学上的成熟，这就意味着，男孩或女孩在性生理成熟的同时，还要经历社会化过程中的成熟。

"其主要分成三步：第一步是青春期带来的性生理和性心理的发育，同时要适应社会对性别特征的规范，以便确认自我在社会中的位置与功能。就是说，要正确地确认和接受本性性别角色和性取向。

"第二步是在调整和约束自己性行为的过程中，不断学习社会对于性关系与性行为方式的具体规范，并将这些规范内化为个人的道德行为准则。

"第三步，也就是人类性成熟的最终标志是合格的性交合。它必须以传统性别角色为基础，以婚内为界限，以夫妻恩爱为调节，以生儿育女为唯一价值目标，以节欲保健为评判标准。

"近代以来，随着性解放运动的泛起与扩大，合格性交合的定义虽然发生了很大的变化，但是人类的性成熟的基本过程并没有改变。

"所以，从上面的标准来看，你在性的生理学和心理学上是成熟了，你的月经和性欲都正常，你的性别角色和性取向也没有问题，但是，你在性社会学上还很幼稚，或者说有偏差，因为你在选择性对象的时候出了问题。"

小溪一直很认真地听，末了她说："我知道，我不该交成年人做男朋友，而且是已经结了婚的男人。"

我问："那么，你为什么不喜欢与自己同龄的男生呢？为什么喜欢找比你大那么多的男人做男朋友呢？"

小溪说："那些小男生，太幼稚了，跟他们在一起，我一点感觉都没有。"

我说："你觉得同龄人太幼稚，而选择大龄男人，甚至是老男人做男朋友，这说明在你生长发育的过程中，影响你的情感需要和性欲望的男性，是年龄大你许多的男人。说说你的经历吧，不要隐瞒，因为你所面对的是一个心理学家，而且，他诚心想帮助你。"

小溪犹豫了很久，终于说："这是一件难以启齿的丑事，我若是说了，可能会影响到我们家的亲戚关系……不过，我妈妈可能早就猜到了几分……唉，我还是说了吧。"

三

在小溪 6 岁那年，她家还在 Y 市，妈妈还没到省城去办公司，爸爸妈妈都在 Y 市工作。她的亲叔叔有一个男孩子，名叫阿伦，那年刚好 14 岁，在念初二。叔叔家在县城，为了让阿伦将来能上一个好的高中，叔叔把阿伦放在小溪家寄宿。

阿伦长相很文静，性格也比较腼腆，平常不善言辞，学习成绩很好，年年都是三好学生，也没有不良习惯，所以小溪的爸爸妈妈都很喜欢他。那时候，小溪比较淘气，经常在家里胡作非为，把家里搞得乱七八糟，到处都是她的玩具和儿童读物。小溪的爸爸妈妈工作很忙，又拿她没有办法，就叫阿伦去管她。说也奇怪，平常小溪发起脾气来谁的话都不听，唯有阿伦能够哄得她高兴。阿伦说话温柔，又会讲故事，常常逗得小溪笑个不停。

那时候，小溪家里没有请保姆，爷爷奶奶年纪大了，在城里又住得不习惯，就回家乡居住了。小溪从幼儿园接回来没人看管，无法无天，爸爸妈妈真是不放心。幸亏阿伦来了，这才有了能够降住小溪的人，小溪的爸爸妈妈从心里感到高兴。于是，经常告诫小溪，要多向哥哥学习，要听话，要乖巧，将来像哥哥一样，做个优等生。

那时，小溪家在市郊，是一栋在购买的60平方米地皮上自建的四层楼房。一楼有两厅：客厅和餐厅，小溪和爸爸妈妈住在二楼的一个套间里，堂哥阿伦住在三楼。

一晃两年过去。

一天，小溪的妈妈下班回来，在门口看见了阿伦的自行车，又见客厅的沙发上有小溪的书包，就知道是阿伦去学校接了小溪回来了，于是就在厨房里忙着做饭、洗菜。忙碌了好一阵子，也没见小溪和阿伦的影子，于是就冲楼上叫了几声小溪，也没见他们回答，就上楼去找。二楼不见人影，她又上三楼去找，正好遇见阿伦和小溪一前一后从阿伦的房间里出来。她觉得有点奇怪，就到阿伦的房间里去查看，结果，发现阿伦床上的被褥都乱成一团，小溪的内裤掉落在床下。

小溪的妈妈顿生疑窦，立刻把小溪裙子掀起检查，发现小溪已经换上了另一条内裤。她追问，掉在阿伦床下内裤是怎么回事？小溪坚持说不知道，问了半天，也问不出个所以然。她也不好去找阿伦问责，但是心里的疑问始终无法消除。从那以后，她就盯住小溪，盯得很紧，也不要阿伦去学校接小溪了，也不准他们亲近了。

过了一段时间，终于找了个借口，把阿伦赶到学校里去住宿了，从此不再往来……

四

小溪说到这里，忽然停住了，她看了我一眼，不再说话。

我说："小溪，你不说我也知道，这事瞒不过我的。你跟堂哥阿伦，有了性关系，是吧？"

小溪长久地垂头不语。

我继续说："按理说，你现在应该是情窦初开的年龄，对男女之事，应该是处于羞涩、探索的阶段，可是你却恰恰相反，不仅不回避，不害羞，反而在与那些成年男人的交往中，显得那么积极，那么主动，那么热衷，完全不像个花季少女的行为，这不能不使大家惊讶，在惊讶之余，也就不能不对你的性经验的起源产生疑问。刚才你透露的情况，正好回答了这些疑问，彻底弄清楚这些问题的产生和彼此之间的关联是我们最终解决问题的必要前提，所以，请你不必犹豫，不必回避，不必掩饰，都说出来吧。"

小溪伤心地抽泣起来，好一阵子之后，慢慢平复了情绪，说："那时候我还很小，什么事都不懂，阿伦骗我说要和我玩一个新游戏，我就跟他玩了……我很害怕，阿伦哄我说不会痛的，痒痒的，很好玩的……后来我感到很疼，就大叫起来，他就停住了，幸亏那次家里没有人，否则早就被发现了。那次以后，只要有机会，阿伦就会拉着我干那种事。开始我怕疼，后来渐渐也习惯了……就这样，几乎每周都有三四次，一直持续了两年多，直到我上小学二年级，那天被妈妈觉察为止。"

"阿伦到学校去住宿之后，我们就很少再见面，自然也没机会干那种事，可是我还是很回味，我常常一个人幻想跟阿伦玩游戏的情景，有时候就会自慰。可是我对身边的男同学没有感觉，总觉得他们太幼稚，看着他们的言行举止就感到可笑。所以，我就到网上去找朋友，因为我用的头像是自己比较满意的照片，看起来挺美的，而且我又年轻，于是就引起一些男人竞相加我好友。我跟他们聊天，调情，玩暧昧，故意让他们为我争风吃醋，遇到我看得上的，就跟他们约会。我前后跟七八个男人有过性关系。我有时候想，多一个也就是那么回事，反正自己早就不是处女了，只要他们对我好，多几次又有什么关系？我知道自己很放纵，也知道这样做是错误的，但是，我就是控制不了自己，不知道为什么？"

"他们会给你钱花吗？"我问。

小溪说："我从来不跟他们要钱。他们有时候会给我买手机、衣服还有零食，更多的就是带我去吃喝和K歌。我跟他们在一起，学会了喝酒和吸烟，染上了很多坏毛病。"

我摇摇头说："小溪，人的一切行为，长此以往都会形成习惯，无论优秀和恶劣的行为都是如此。尤其是那些与本能相关的行为，一旦成瘾，就更难戒除，比如吃喝、享乐和性，等等。你自幼开始的性行为之所以难以管控，就是因为你对这种本能行为产生了癖好。以你现在的年龄应该是学知识、长见识的时候,你却陷入了性爱的泥沼之中不能自拔。你跟一群成年男性混在一起,让他们为你争风吃醋,这是非常危险的,因为许多情伤和仇杀就是这样开始的。还有,多性伴的性生活,极易染上各种性病和以性传播为途径的疾病。"

小溪面露紧张:"可是,我多数情况都使用避孕套,因为我怕怀孕,只有几次我喝醉了,在迷迷糊糊中没有使用。我应该不会有事吧,王教授?"

我说:"这很难说,主要看你的性伴是否患病。有时候,仅仅是一次无保护的高危性行为,也会染病。我曾经是泌尿外科医生,见过很多这样的案例。再说,即便是使用避孕套,也不可能百分之一百保险,任何一次意外都可能带来灾难性的后果。"

小溪有点惊慌:"可是,我没有一点感觉啊,我从没有觉得不舒服呀。"

我说:"有些性病和以性传播为途径的疾病,在早期,是没有任何感觉的。比如梅毒,性接触是梅毒的主要传播途径,梅毒在早期传染性最强。感染梅毒后7~60天,病人的外生殖器会出现一种单发、无痛无痒、圆形或椭圆形、边界清晰的溃疡,叫作硬下疳,持续时间为4~6周,可自愈,病人没有任何不适感。

"到了梅毒二期,梅毒螺旋体随血液循环播散,会引发多部位损害和多样病灶。梅毒侵犯皮肤、黏膜、骨骼、内脏、心血管、神经系统,会出现发热、头痛、骨关节酸痛、肝脾肿大、淋巴结肿大等症状,继出现皮肤梅毒疹、黏膜损害、梅毒性脱发、眼睛损害甚至失明。

"到了梅毒三期,症状更加严重,如皮肤黏膜损害造成全身性的溃烂,出现坏死、穿孔,鼻子和舌头都可能烂掉;若侵犯心脏,可发生主动脉瓣闭锁不全，引起梅毒性心脏病；若侵犯神经系统，可发生梅毒性脑膜炎、麻痹性痴呆，可发生梅毒性精神病；若侵犯脊髓，可出现感觉异常、共济失调，造成行走困难，甚至瘫痪等多种病征。

"患有梅毒的孕妇会通过胎盘将梅毒传染给胎儿，引起胎儿宫内感染，可导致流产、早产、死胎或分娩胎传梅毒儿。而且孕妇梅毒病期越早，对胎儿感染的概率越大。孕妇即使患有无症状的隐性梅毒也具有很强的传染性。"

听了我这番话，小溪说："我不会有问题吧？我一定要去医院检查一下，是不是感染了性病。"

我说："传统的性病是指通过性交行为传染的疾病，主要病变发生在生殖器部位。包括梅毒、淋病、软下疳、性病淋巴肉芽肿和腹股沟肉芽肿5种。1975年，世界卫生组织把性病的范围从5种扩展到各种通过性接触、类似性行为及间接接触传播的疾病，统称为性传播疾病。目前性传播疾病的涵盖范围，已扩展至包括最少50种致病微生物感染所致的疾病，除了包括上面讲的5种性病外还有尖锐湿疣、生殖器疱疹、艾滋病、细菌性阴道病和乙型肝炎，等等。

"我在当外科医生的时候，曾经遇到过一个17岁的少女，她因发热、全腹压痛、反跳痛而入院。检查发现，她的腹腔内、外的脏器全部都浸泡在白色的脓液中，她的双侧输卵管和卵巢都已经溃烂，化验发现是淋球菌感染。后来经过抢救，她虽然保住了性命，但她终生不能生育，因为她的双侧输卵管和卵巢都被切除。她才17岁啊，仅仅比你大两岁！

"还有更严重的是艾滋病，艾滋病的早期症状，通常是不明显的，艾滋病感染者，通常没有感觉到自己有什么不适，即使有一点不适，也容易被忽略。

"而且，艾滋病的症状不具备特异性。我们所说的特异性，是指表现出不同于其他疾病的症状特点。因此，极易造成漏诊和误诊。"

小溪的眼神里充满了忐忑不安，惶惶道："我该怎么办呢？王教授，请您帮帮我。"

我说："我当然会帮助你，只是你的性道德在初建时就发生了问题，重新构建的过程是相当痛苦和漫长的，仅仅靠对性传播性疾病的担心和恐惧是无法使你的性观念发生根本性的改变。因为，当你去医院检查，发现没有染病，你也许立刻就会故态重现。但是，侥幸不会多次出现。而且，近几年在黄种人中还出现了'阴性艾滋病'群体，即他们临床表现与艾滋病患者一致的高危症状，且有免疫细胞功能受损，但检测结果均显示 HIV 抗体为阴性。就是说，你即便检查结果完全正常，也可能是'阴性艾滋病'患者。

"再说，你的问题关键在于，你的性道德是病态的，是违背社会准则的，像这样发展下去，迟早会触犯法规和法律的底线！"

小溪泪流满面，恳求道："求求您救救我！王教授，我听您的……"

五

小溪的父母用不安的、期待的眼神望着我。

我说："你们大概期望在这次咨询结束之后，我就会把一个健康、阳光、道德完美的女儿还给你们。不过，我要让你们失望了。你们的孩子，在道德体系刚刚建立的初始阶段就有了经常的性行为，这样，她便认为，性行为是人之常情，不需要约束和管控。在性问题上，她完全是放纵和随心所欲的，没有一点羞耻感和自律意识。你们也没有对她进行任何有益的教育和指导，所以她在那些追逐她的男人面前，显得那么开放。"

崔凯夫妇脸上写满了羞愧和绝望。

我接着说："你们的最大错误就是，把一个年幼无知的小女孩，交给一个青春勃发的少男来相伴，这简直就是羊入狼口啊！"

崔凯说："我们以为阿伦年少单纯，而且又是堂哥，应该不会有什么非分之想，谁知道他竟然会对妹妹下手……"

我轻叹道："即便是亲兄妹，如果没有良好的性道德教育，没有严格的管束和指导，长期在一起耳鬓厮磨，也会出事。对于阿伦，首先要把他看作雄性动物，其次才是堂哥。对于雄性动物，必须要防范和管理。研究发现，许多雄性动物先天就懂得性行为，比如，雄性的小猪仔出生后不久就会骑跨行为，小男孩3岁、5岁就会有阴茎勃起，会有搂抱和抚摸小女孩等亲密动作，何况阿伦当时已经14岁了，他什么都懂了，你们却还是把他当成孩子，你们的轻率和不负责任，造成了小溪的悲剧。"

崔凯难过地问："那怎么办呢？王教授，小溪还有救吗？"

我说："对小溪的道德重建是一个漫长和艰苦的过程，同时，你们也要密切配合。今天的咨询只是一个开头，效果很不错，希望今后能坚持下去。她要毫不掩饰地解剖自己，要和心理医生一起审视和分析自己的内心世界。任何改变都是从内心开始的……"

印记学习

> 心理学界有一个共识:"每一个问题孩子的身后,都有一对问题父母。"在孩子的养育过程中,父母亲自哺育,通过拥抱、亲吻和肌肤接触,让孩子建立良好的印记行为,让他(她)对父母和家庭产生紧密的依恋关系,至关重要。

一

两年以前的一个夏天,一位朋友打电话给我,说 G 市教育局某位领导的孩子遇到一些问题,请我在方便的时候,安排接待咨询。

到了预约咨询的前几天,孩子的家长打电话问我,可不可以不到我的心理工作室咨询?

这也是常有的事,求助者因为个人隐私或者其他不便之处,而要求更换心理咨询的地点。我一般都建议到咖啡厅的包厢里咨询,因为那里环境优雅,也比较安静,又是公共场所,气氛轻松自在,不容易启动求助者的心理防御机制。所以这次我仍然提议到咖啡厅。

到了约定的咨询时间,我进了包厢,只见两个家长,不见孩子的影子。孩子的妈妈说,孩子在隔壁的百货商场买东西,我们先谈,待会儿再叫她来。

孩子的妈妈姓黄,是一个示范性中学的老师,曾经三次获得省级优秀教师称号。孩子的爸爸是 G 市教育局的主要领导。在谈话的过程中,他很少说话，只是在需要他表态的时候，他才会斟酌一下再说话。看得出来，在家里，孩子的妈妈说了算。

在谈到孩子的时候，黄老师骄傲地告诉我，孩子今年刚满14岁，刚刚上初二。在念小学的时候，她很优秀，是班上的学习委员，各科成绩一直名列前茅，还得过全市小学生数学竞赛和语文作文比赛的一等奖。自5岁开始，家里还专门给她请了钢琴教师，现在已经考过了业余钢琴9级。这孩子还正规拜师学过书法，曾经在省电视台的少儿春晚节目中，当众表演过书法，等等。

二

在说到孩子现在的表现时，黄老师满面愁容。

上初中后，孩子开始在学校住宿。大约在半年多前，孩子的班主任老师反映说，这孩子晚上9点钟后，经常和几个女生一起翻墙外出，整夜不归。老师问她们出去干什么？她们都拒绝回答。考虑到孩子们的人身安全，学校立刻告知家长。

黄老师因此也动怒打过孩子，再三追问她夜出不归的原因，她还是咬紧牙关不说。

黄老师说："后来学校要求我们把孩子领回家去住。但是，到了晚上，她还是偷偷地出去。我就把她房间的门锁住，她竟然从窗户上吊着绳子爬出去！这多么危险啊，我家住在4楼啊！王教授，您是研究儿童心理的专家，您说，孩子晚上出去能去干什么呢？她又不去网吧，从来不玩网络游戏。"

我说："我问几个问题，一、这孩子来月经了吗？"

黄老师说:"来了,在两年前就来了。这与孩子晚上外出有关吗?"

我没理会她的疑问,又问:"二、孩子平时注意打扮自己吗?比如买化妆品,买时髦的衣服什么的。"

黄老师说:"是哦,最近这一段时间,见她很喜欢化妆,还总是买衣服。开始,我们和学校老师也怀疑她谈恋爱,可是总不会几个女孩子约好出去谈恋爱吧?"

我说:"三、孩子买衣服,买化妆品,向你们要过钱吗?"

黄老师说:"她从来没有向我们要过钱,但是我和她爸爸的钱经常随手放在家里,我们估计她是拿了大人的钱出去乱花。"

我说:"再问最后一个问题,四、你们跟踪过她吗?你们知道她去哪里吗?"

黄老师看一眼丈夫,说:"说实话,我和她爸爸都暗地里跟踪过她,可是她一出门就搭上摩托车飞快地开走了,追都追不上。现在,她干脆搬出去住了,也不再去学校,我们连她住在哪里也不知道。为了找到她,我只好常在她喜欢逛的那几条街上来回转悠。前天好不容易遇见她,我就紧盯住不放,好说歹说,她终于同意来见您。她说,正好想到省城来买衣服,顺便见见您。"

我说:"你们为人父母,真不称职啊。你们叫孩子来吧,我来跟她谈。"

三

等了一会儿,他们的女儿来到包厢。

她一进来就迅速地瞥了我一眼。她穿一件百合花撒花淡绿底低胸吊带裙,一脸浓妆,一副满不在乎的表情。她虽然刚刚14岁,但已经发育得很好，胸部高耸，腰细腿长。

黄老师向她介绍说："这是王教授，你们聊吧。"说罢，就和她先生一起离开包厢。

沉默片刻，我说："你叫什么名字？"

她简短地回答："舒琴。"

"是情绪的情吗？"我问。

"不是，是月琴的琴。"她答道。

我说："你的名字很好听，'舒琴'，跟'抒情'谐音。你的爸爸妈妈好有诗情画意啊，给你取了个这么好听的名字。"

她浅浅一笑，没有吭声。

我说："你知道你的父母为什么请我来跟你聊天吗？"

"我知道。"舒琴说，"因为我晚上出去玩，现在不愿意回家。"

我说："你能告诉我，你们晚上去哪里玩吗？"

"不能告诉你！"舒琴坚决地说，"不管你怎么说，我都不会告诉你的。"

我说："其实，你就是不告诉我，我也知道。"我沉吟一下，盯着她的眼睛说，"你们是到夜总会去玩，是吧？"

舒琴的眼里闪过一丝慌乱，又迅速镇定，说："你乱说，我们是在KTV里打工，端茶送酒什么的。"

我笑道："舒琴啊，你知道我是干什么的吗？我们这一行，专门研究人的心理活动，你心里想什么，我全知道，你外表的信息也暴露了你的身份。"

舒琴说："我们的确是在KTV打工。"

我说："没错，一开始你们是在KTV包厢里端茶送酒，但是你们现在已经到夜总会去站台了。"

舒琴说："你怎么说得那么肯定？就像亲眼看见似的。"

我说："我见那种场面，也调研过未成年人涉足娱乐场所色情活动的情况。"

舒琴低头想了想，抬起头说："你会把我的事，跟我父母和学校说吗？"

我说："这要看我们之间达成谅解的程度和你是否讲真话。"

舒琴犹豫了好一阵子，最后终于把真相告诉我了。

她说，半年多以前，她们年级邻班的一个大她一岁的姐姐告诉她，说自己正在某 KTV 打工，每天可以赚不少钱，足够自己零花的了，清闲的时候客人不多，她们还可以 K 歌玩，等等。

舒琴很贪玩，又喜欢唱歌，听说还可以自己挣零花钱，就有点心动，于是就跟着去玩了几次。因为 KTV 都是在晚上 9 点起营业，所以她们就爬墙头出去。

在 KTV 里，一开始她被安排去包厢端茶送酒，送各色水果和小吃。后来包括她在内的几个长得漂亮又会唱歌的姐妹，就被挑选出来去陪客人唱歌和玩耍，客人还会给小费，一般一次能给几十块钱。

有一次舒琴喝多了，又玩输了，她不愿再喝酒，客人就要她脱衣服，脱一件就给 200 元，她感到全身燥热，头晕晕的，轻飘飘的，心里很兴奋，就止不住地脱衣服，在客人的掌声和喝彩声中，她脱得一丝不挂……当她醒来的时候已经是第二天上午……

她很害怕，生怕父母知道这件事，也生怕传到学校去，于是就不想再去 KTV 了。

但当她跟那个带她来的姐姐说起自己的想法的时候，那个姐姐冷笑道："你以为那么容易就能退出吗？你脱光衣服，还有跟男人上床的场景，都被录了像，随时都可以传到网上去，你已经没有办法洗干净自己了。"

舒琴吓得哭了起来。那个姐姐又说："你也不要害怕，我也是这么过来的。你要想脱身，就得回学校选两个学妹来 KTV 接你的班，而且一定要长得漂亮，一定要是处女！"

舒琴不知所措，不停地哭。那个姐姐又说："其实，我们上学也没什么意思，整天不是测验，就是考试，无聊极了。你看你现在，每天多么逍遥自在，还有花不完的钱，我们应该趁着年轻，多玩玩，到老了就不会后悔。"那个姐姐还教给她如何引导学妹们上钩的办法，等等。

后来，舒琴虽然把学妹们骗到 KTV 接了自己的班，但她也再没有回到学校上课。

她和几个姐妹在外面合租了一套房子，生活上彼此照应，晚上就到夜总会去等客户，赚了钱就随心所欲地买衣服和化妆品，或者一起去旅游……

我沉吟片刻，问舒琴："你家庭条件很好，你应该不缺钱呀，为什么要走这条路呢？"

舒琴说："我才不要他们的钱呢，我要自己赚钱，自己养活自己。"

我说："可是，你这种赚钱的方式不好啊。"

舒琴说："现在社会上有几个人赚的钱是干净的？官员贪污受贿，和尚大肆敛财包养情妇，演艺圈盛行潜规则……相比之下我们算是干净的，在日本，这叫'援交'，双方你情我愿，又不伤害任何人。"

我惊讶于舒琴的振振有词和令人一时语塞的理论。

我问："你这套理论是从哪里学来的？"

舒琴有点得意："我是从社会上学来的。难道不是这样吗？"

我说:"你说的这些社会现象的确存在,但这些违法、犯罪行为正在被打击和遏制中,你们不能以此为借口,进行另外的违法行为。知道吗?你们是在卖淫啊,这在日本也是被法律明令禁止的。日本是存在'援交'现象,那是打法律的擦边球,那是一对一、长期的关系和感情交往,男女双方互知姓名和根底,实际上是情人关系。这是属于道德谴责的范围,法律、法规无法介入。而你们是在夜总会站台,明码实价任人挑选,是卖淫,无论在中国还是日本,这都是违法或犯罪行为!"

舒琴似乎被我的话震动了,低头不语。

我说:"前不久,关于我省某地公务员和老师相勾结,在初中诱骗少女'卖处',已经有十几名女生受骗上当了。所以,你的爸爸妈妈跟我说起你夜出不归的事,我立刻想到了这件事。你的爸爸妈妈如果知道了你的这些事,会怎样的心痛啊?"

舒琴猛地摇摇头说:"他们才不会心痛呢!我只是他们拿来向人炫耀的东西而已!他们根本不关心我的死活。"

我问舒琴为什么要这样说?

她的脸上流露出悲楚的神情,开始哭泣……

四

她说她从小就没喝几口妈妈的奶。出生不久,妈妈爸爸因为工作忙,就把她送到乡下,交给奶奶抚养,直到3岁多能上幼儿园才把她接回来。在幼儿园,她是全托,只有在双休日才能见到爸爸妈妈。每天下午放学时,她看见小朋友被爸爸妈妈接回家时,那样开心和快乐,她就很伤心,经常一个人躲在黑暗的角落痛哭。

她5岁的时候，妈妈给她找了钢琴教师。每天总是翻来覆去地弹同一首曲子，这让她很烦，很恨弹钢琴，但是妈妈坚持要她学下去，稍有松懈，妈妈就不停地责骂和惩罚她。当她在比赛中获了奖项，爸爸妈妈就会拿来向亲朋好友们炫耀。她觉得他们就是在乎她获得的奖项，根本不在意她的痛苦和烦恼。

她6岁多开始上小学，爸爸因为忙，很少管她，但妈妈对她的功课抓得非常紧，经常拿一些额外的卷子让她做，如果她稍有不对，妈妈就罚她不准玩任何游戏和玩具。每天晚上，妈妈都会守着她做作业，稍有差错就会大加呵斥，弄得她每天做作业时都是紧紧张张的。妈妈还规定她的各科成绩都不能低于班级前5名。她只好拼命地追赶，一遇到考试就非常焦虑。只有她在全市性的竞赛中获了奖，爸爸妈妈紧绷的脸上才会露出笑容。她觉得，在他们的眼里，学习成绩远比她本人重要。

当她进入小学高年级以后，爸爸妈妈更忙了，晚上也常常不在家。她总是一个人坐在空荡荡的家里发呆，桌子上有妈妈留下的钱和纸条，要她去街上吃快餐，可她什么也不想吃，经常躺在沙发上就睡着了。

上初中后，学校要求住校学习，她非常高兴，感到自由自在，没有人责骂和管束的日子，让她感到很松弛。随着她渐渐地长大，有了自己的朋友圈和闺密，她觉得跟她们在一起才是真正的快乐……

五

当我结束了跟舒琴近两个小时的交谈，黄老师夫妇回到包厢。我请舒琴暂时离开。

我看着有点惶惑和期待的黄老师夫妇，说："你们一定期待着还你们一个乖乖巧巧的舒琴吧？你们一定想知道她晚上去了哪里吧？可惜，我的答案只能让你们失望和苦恼。"

我拿出手机，给他们看了我点评的那条某地公务员与中学老师勾结"买处"的新闻。

黄老师看着看着神情大变，紧张地盯着我说："您是说，我的孩子也是在……"

我肯定地点了点头，说："比这更严重，她现在在夜总会里站台。"

黄老师崩溃大哭："不会的，不会的！她才14岁啊！您一定是搞错了！我的孩子那么乖，那么听话，那么优秀，怎么会……您一定搞错了……"

舒局长手足无措地扶着她，拍着她的肩背安抚她。

等到黄老师的情绪稍安定，我慢慢地把舒琴告诉我的事情简要地说了一遍。他们静静地听着，黄老师不停地抹眼泪。

我说："心理学界有一个这样的共识：'每一个问题孩子的身后，都有一对问题父母。'在孩子的养育过程中，如果想要维系和增进亲子感情，最好是亲自哺育，不要委托长辈抚养。舒琴的问题起源于幼年时期，你们从小就把她送给奶奶带着，没有拥抱、亲吻和肌肤接触，这样孩子长大了怎么会跟你们亲近呢？"

在动物界行为研究中有一个"印记"行为实验。奥地利动物行为学家康拉德·劳伦兹（Konrad Lorenz）通过这个实验提出了一种新的动物学习行为。这种学习是由直接印象形成的，故称"印记学习行为"。

劳伦兹用人工孵化器孵化灰雁的卵，幼雏出壳后，首先看到的是劳伦兹，而不是母灰雁。因此，劳伦兹走到哪里，灰雁的幼雏就尾随到哪里。即使有母灰雁在旁，幼雏也尾随劳伦兹。

劳伦兹发现，印记学习能力的高峰时间极短。如灰雁的幼雏在出世后仅有几小时，之后逐渐减弱。如将孵出的幼雏关在笼内几天，不让它看到母灰雁或是其他的"代替物"，幼雏便会丧失"承教"能力。这是由于动物的神经系统在早期能够接受这类刺激，随着发育，神经系统就不能再进行印记学习了。

后来的研究相继发现，能够产生印记行为的动物有许多，大部分的禽类和豚鼠、绵羊、鹿、山羊、水牛，甚至某些昆虫和鱼类都能产生印记行为，人类也是如此。哺乳动物印记行为产生的时间长短不一，以小狗为例，小狗出生后如果一个半月之内不接触母狗，之后将无法与母狗建立亲密的关系。

动物早期习得的印记学习行为，对晚期行为也具有持续性影响。如灰雁幼雏对人类形成印记，它会与人类长期结伴，甚至在发育成熟期会在人类面前表现出求偶行为。

舒琴出生后仅仅两个多月，就被送给奶奶抚养，因此错过了极其关键的印记行为产生的时间。在她的印记中，没有母亲，没有与母亲的亲密接触，所以，她长大了怎么会依恋父母呢？她之所以能够毅然出走，是对父母和家庭毫无眷恋，这是最主要的原因。

我继续说："舒琴3岁进幼儿园时，你们把她送全托，每周只是双休日才把她接回家。你们以自己忙为借口，忽略为人父母应尽的职责，你们知道孩子当时多么盼望能见到你们吗？你们知道她心里的痛苦吗？

"舒琴上小学之后，你们对她实行严苛的应试教育，眼里只有成绩，完全忽略她的感情需要。你们还强迫一个没有音乐兴趣和天赋的孩子去学钢琴，这无疑又是另一种更加严酷的折磨，她能考过钢琴9级，要承受多么沉重的心理负荷！当你们在对孩子施行这些违背她愿望的畸形教育的时候,你们征求过她的意见了吗?

"舒局长、黄老师,你们是教育局局长和重点中学的教务主任,黄老师还是省级优秀教师,你们本身就是教育专家,你们都系统性地学习过《教育学》和《教育心理学》,难道教科书是这样教导你们施教的吗?"

黄老师夫妇面面相觑,气氛有点尴尬,接下来,是一阵较长时间的沉默。

之后,舒局长诚恳地说:"王教授,您批评得很对,我们以后会好好地反思,纠正我们的错误。只是我们现在怎么做,才能挽救孩子?怎么做,才能让她回归正道?请您指导我们。"

我摇摇头,叹了一口气说:"你们错过了纠正的最佳时间,恐怕木已成舟了。"

黄老师的泪水夺眶而出,紧紧握住我的手,央求道:"求求您,救救我的孩子!救救我们全家!"

我说:"舒琴的道德体系是有缺陷的,从小你们给她的价值理念是:'学习成绩好,一切都好。'在性教育方面她也极度缺乏知识,所以她的性道德观是不健全的,底线一旦突破,修复起来非常困难,不过我们仍然可以尝试一下。"

我建议他们:1. 立即给舒琴办理转学手续,到远离城市的乡镇中学去读书;2. 没收她的手机,监管她的电脑等其他通信工具;3. 全天候实施有效的监护,最好由家长来担任监护人;4. 给予健康的娱乐方式,如听音乐、上网、看电视,等等;5. 引导她种植花草树木和养宠物,注重对宠物的感情投入;6. 定期心理咨询,给予正确的性心理教育和性道德教育。

这是一个相当漫长和艰苦的教育改造过程,其间,极可能出现反复,稍有不慎就会前功尽弃,家长必须做好充分的思想准备……

咨询之后的第一个周末，黄老师打电话告诉我，他们已经把舒琴转学到老家的小镇中学读书，她向单位请了长假，专门监护孩子。一切正在按计划进行，舒琴也似乎安下心来了，跟同学们也相处得比较愉快，等等。

此后一个多月，黄老师也没再联系我。

一天，我忽然收到她的来电。她在电话里号啕大哭，告诉我，舒琴失踪了！

黄老师说，因为见舒琴的表现有明显好转，于是就请亲戚监管，自己回去上班。谁知，她走了之后不到一个星期，舒琴就失踪了……

六

秋去冬来，四季轮换，转眼间过去一年多，黄老师夫妇四处寻找，也报了警，立了案，但是始终没有舒琴的消息。

一天上午，我接到晚报记者安琸的电话。她告诉我，有一个关于艾滋病患者报复社会，恶意传播艾滋病的案件。警方已经刑拘了犯罪嫌疑人，正在走司法程序。她问我对这个案件是否感兴趣，能不能深入探讨和分析一下犯罪嫌疑人的犯罪心理？

我欣然接受了安琸的邀请。按约定的日子，一起来到看守所的探访接待室。

一进门，就见一个瘦弱的身影背对着我们，站在靠街的玻璃窗前。

我们惊动了她。她慢慢地转过身来，日光吊灯的冷光，照亮了她的脸。

我愣住了，舒琴！是她！一年多没见，她长高了许多，脸色白得发青，完全没有了往日的稚气和美丽。

舒琴显然也认出了我，她神情稍稍有些吃惊，但瞬间就恢复了冷漠。

安琸递给我一份采访提纲，我看见上面记载的舒琴的姓名、年龄、原籍、出生地和个人经历等个人信息全是虚假的。

我对安琸耳语道："能不能让我单独跟她谈谈？"

安琸和监视的警察小声说了许久。警察又出去打了一个电话，回来后对我说："给你15分钟，请注意掌握时间。"

待其他人退出，接待室的铁门关上后，我连声问："舒琴，这到底是为什么？这一年多的时间，你去了哪里？你在什么地方染上了这种病？你父母知道这事了吗？"

舒琴木然一笑，说："你认错人了，先生。我不叫舒琴，我是张嫣。"

我说："你不要骗人骗己了！"

舒琴说："我反正也活不了几天了，过一天赚一天。"

我说："你知道这种病是不治之症还要传播，这是害人害己！"

舒琴倏地睁大眼睛，咬牙切齿道："我恨男人！我恨第一个玷污我的男人！恨我的爸爸妈妈！我恨你！我恨天下所有的人！"

我说："你为什么恨我？我是在帮你。"

舒琴说："你为什么要把我跟你说的事告诉我的父母？你为什么要唆使我的父母把我关在那个乡镇中学？如果不是那样，我也不会远走他乡，也不会堕落下去，也不会染上艾滋病！"

"舒琴，那时你已经堕落了！而我是帮你父母和你做最后的努力。"我停了一下又说，"我后悔的是当时没有劝他们马上去报警，否则那些引诱和玷污你的人，就会受到法律制裁，你也会因此受到惩罚，得到警醒，也许就不会有今天的悲剧发生……"

舒琴眼里的仇恨之火一点一点地熄灭了,脸上恢复了宁静。她走到窗前,望着窗外的街景,慢慢地说:"一切都是命中注定,我认了……"

七

采访结束后,安琸问:"王教授,您认识张嫣?"

我说:"这次专题,我就不参与点评和分析了。我会介绍另一位专家来接手我的工作。"

安琸有点迷惑地看着我,没有吭声。

回到学校,天渐渐地暗了下来。进了办公室,我没有开灯,靠在沙发上闭上眼睛,一种淡淡的伤感在弥散。

我知道自己不是全能的,但是人们都认为我是全能的,尤其是那些渴望中的求助者和病人,我也会有负于他们……

他的女孩心

> 素质性同性恋产生的三个条件：1. 自幼性心理认同的异性化；2. 幼年时期性别角色榜样异性化；3. 青春期之前玩伴多为异性，缺乏同性集团。

一

周一上午是一个忙碌的时段，我刚到病房，值班医生就向我报告了新来的病人黎昕的情况。

他是昨天晚上 7 时左右从市第一人民医院急症科转来的服安眠药自杀未遂的病人。男性，16 岁，初中三年级学生。

进了病房，我见病床上躺着一个纤弱的男孩子。他肤色白皙，相貌清秀，长发及肩，如果不说明，乍一看，大家都会误认为他是个花季少女。见他仍在昏睡，于是我将他的父母约到我的办公室，了解他的患病经过。

男孩的父母一看都是老实人，父亲是市属企业的职员，母亲是小学老师。看起来，他们仍然余悸未消，父亲的手微颤着，递给我一封黎昕自杀前留下的"遗书"。

他的字迹也像女孩子的手笔，秀美而工整。

亲爱的爸爸妈妈：

请原谅孩儿的不孝，不能为你们养老送终了。从小你们就希望我是个女孩子，可惜老天爷却将我错成了男儿之身。小时候亲戚和邻居的叔叔阿姨们都夸我长得漂亮，夸我皮肤白净，妈妈也常把我打扮成小姑娘模样，那时候我常常幻想自己是一个高贵的公主，期待着有一天会遇上一位白马王子，然后跟他终身相伴，走遍天涯海角。

可是到上小学三年级的时候，男同学们开始嘲笑我，说我是个假姑娘，说我爱哭、爱俏，说话娘娘腔，等等。他们不屑跟我玩，我也不喜欢他们。女孩子们倒是很欢迎我，我只有在她们中间才会感到快乐，所以一直到上初中时，我的玩伴和好朋友全都是女孩子。

从初二开始，我渐渐对男生感兴趣了，也试着跟他们交往。可是我很失望，他们依旧把我看成是另类，对我不理不睬。女生们依然很喜欢我，还有人给我写情书，但是我的心就像是女孩儿的心，怎么会爱她们呢？我很矛盾，也想摆脱这种困境，但是却毫无办法。有时候我的心里很乱，无心学习，功课也耽误了，成绩下降了许多，当爸爸责骂我时，我非常伤心，我感到活着没有意思……真的！

在生活中找不到乐趣，我就只好从网络上去寻找，渐渐地我迷上了上网……

有一段时间我十分快乐，是网络给了我做女孩儿的感觉，我简直离不开网络，它真是太美妙了！可是，现在一切都结束了，戏演完了，曲终人散，是我该去的时候了……爸爸妈妈，孩儿真的舍不得你们，孩儿的生活才刚刚开始，如花的季节，我舍不得离去，但是我什么都没有了，这样活着还有什么意思？

永别了，亲爱的爸爸妈妈！不要为我悲伤，如果人有下辈子，下辈子我还要投生到你们家，还要做你们的孩子，爸爸妈妈，来世再见！

看了黎昕的"遗书"，我的心里有些沉重，又是一个素质性同性恋者自杀的案例！

二

由于父母们性心理知识的极度贫乏和不当的养育过程，造成了一个又一个同性恋者。

错误的性心理认同，产生了错误的性别心理、行为和畸变的情感，最终酿成一个又一个的悲剧。

作为心理医生，我目睹了太多的这种原本可以避免的悲剧，对于这些悲剧的制造者——孩子的父母们，我有太多的批评和责备的话要对他们说，但是一看到黎昕父母那惶恐不安的眼神，我又不忍心指责他们了。

黎昕有个哥哥，父母希望下一个孩子是个女孩，结果还是一个男孩。因为黎昕自幼就长得乖巧漂亮，皮肤白皙，所以大家都乐意把他当女孩子打扮，给他穿花衣服，梳小辫子。黎昕的妈妈是个文娱活跃分子，唱歌跳舞无所不精，黎昕自小就把妈妈当作偶像，喜欢学妈妈唱歌、跳舞。

5岁那年，他到青少年宫的儿童芭蕾舞培训班学习，同班的小朋友都是女孩子，只有他一个人是男孩子。黎昕在她们中间，玩得很开心。黎昕小时候的玩伴全都是女孩子，初中二年级以后才开始疏远女孩子，但又不见他跟男孩子交往，他变得十分孤独，回到家，唯一的乐趣就是玩电脑、上网。

自从迷上了网络之后，黎昕的情绪就变化多端，他一会儿兴致勃勃，一会儿又没精打采；一会儿兴高采烈，一会儿又郁郁寡欢。大家都不知道他为什么变得这样，他自己也从来不说。他的电脑设了密码，别人是打不开的，没人知道他在想些什么、干些什么，直到他突然自杀……

从黎昕的生长发育史可以看到，他符合素质性同性恋产生的三个条件，即：1. 自幼性心理认同的异性化——认同自己是异性（女孩）；2. 幼年时期性别角色榜样异性化——母亲是他的性别角色榜样；3. 青春期之前玩伴多为异性，缺乏同性集团——对异性熟悉的程度，远胜于同性。

所以，黎昕应该是一个素质性同性恋者。

要想证实这一点，还需要找到他的同性爱恋或同性性行为的事实。

三

第二天上午，黎昕已经完全清醒，我约他到心理咨询室做咨询。

他坐在我的面前，完全是一副女孩子的模样：文静、羞怯而柔美，看不到一点儿男儿的阳刚和锐气。

我对他说："我看了你留给父母的信，然后也跟你的父母谈过了。我认为，由于你父母在养育你的过程中造成了你的性心理差错，导致你成为同性恋者，你的性取向是你一系列烦恼的根源。"

黎昕说："可是，我对我的行为并不后悔，我喜欢做女孩，喜欢被人宠爱和追求的感觉。我也上网查找过关于同性恋的资料，也登录过同志网站，我知道同性恋是怎么回事。我对自己的性取向能够坦然接受，同性恋与异性恋一样,都是人类表达情感的方式。"

我问:"那么,你为什么会痛苦呢?为什么要采取自杀的方式结束自己的生命呢?"

黎昕说:"因为现实太残酷了,我的梦被撞碎了,社会对我们这些人太歧视了。"

我说:"你的思想很成熟,完全不像一个16岁的孩子。"

黎昕有点得意地说:"在网上,我已经19岁了,是一个人见人爱的美女小姐姐。"

我说:"能告诉我,你在网上的故事吗?"

黎昕想了一会儿,说:"这是我的个人隐私,我本不想告诉别人,可是,您是心理医生,我还有许多问题想要请教您,所以,我还是告诉您吧……"

四

随着年龄的增加,黎昕感到自己那颗原本宁静、单纯的心,渐渐变得躁动和不安分起来。他听课常常走神,那些长得俊朗、帅气的男同学的影子总是在自己面前晃动。在球场旁,他经常关注那些身材健美、肌肉发达的男生,有时某个男生偶然对他的一次回眸、一个微笑,他竟会怦然心跳,脸热不已。他有意去接近那些男生,但是除了几个误认为他是女孩的男生会跟他搭讪之外,其他大部分知情的男孩子们都会回避他。

黎昕很苦恼,他不愿理睬那些追逐和喜欢自己的女生们,但又无法摆脱男生们对自己的冷落所造成的孤独感。寂寞之时,他学会了从网络上去寻找感情的慰藉,他出入网上的各种交友中心、交友俱乐部,在那里，他认识了来自杭州的某银行白领维杰。

黎昕通过国外的免费代理服务器，使用聊天工具跟维杰聊天。这样，对方即便有疑问，进行技术查找也只能看到这个代理服务器的 IP 地址，就误以为他真的是在国外上网。

黎昕告诉维杰，自己是中国姑娘，叫甄妮，在美国纽约读书，今年 19 岁，爸爸妈妈都在国内做生意，爸爸是海尔集团的第三大股东，家里很有钱。

"她"是爸爸妈妈的独生女，是他们的掌上明珠，深受他们的宠爱。现在"她"一人在美国读大学，很孤单，所以上网找朋友聊天。维杰显然被甄妮那显赫的家世所打动，便不由自主地靠近了"她"。

他告诉甄妮，他在银行当部门主管，薪水虽然还可以，但工作平淡而乏味，每天的业余时间，除了看看美国大片和流行杂志之外，主要就是上网浏览信息以及跟朋友聊天。他说他那天在聊天室里一见到甄妮，就有一种似曾相识的感觉，他预感到他们一定会成为好朋友，云云。

黎昕想看看维杰的长相，维杰就发了几张生活照片。照片里的维杰灿烂地笑着，长得清新俊逸，很开朗、很帅气。黎昕一下子就喜欢上了他。维杰也问甄妮要照片。黎昕早有准备，他从旅美学生的网站上，复制了一个学艺术的美女学生的数十张照片。照片里的女孩明眸皓齿，窈窕娉婷，光艳照人，美得令人炫目。维杰马上被迷得晕头转向，他不敢相信自己会有这么好的运气，心里迟疑起来。

黎昕从他的字里行间看出了他的担心，于是就安抚维杰。

他告诉维杰，在家里，"她"的意志就是一切，父母非常宠爱自己，只要自己愿意，任何问题都不是问题，而自己只相信直觉，只相信缘分……维杰放心了，他全身心地投入进来，对甄妮无微不至地呵护与关爱。他们情意绵绵地诉说对彼此的爱意和思念，憧憬俩人的未来，有时不知不觉就聊到天亮。

有一天，维杰突然说，我们为什么不视频聊聊呢？黎昕心里紧了一下，立刻说自己手机摄像头坏了，笔记本摄像头拍摄的效果又很差，不好看，直接发一段几天前用手机拍的视频给他看看。说罢，他就将从网上下载的那位美女学生的视频发送给了维杰。看了甄妮的生活视频，维杰愈加深信不疑了，他庆幸自己的运气太好，遇到了一位天仙般的妹妹。

黎昕一边在跟维杰柔情蜜意，一边又在网上寻找新的对象。这样做，他感到既新鲜，又刺激，挺好玩的。

终于，在一个某交友中心的聊天室里他遇到了深圳的计算机工程师明轩。关于自己的出身和当前的状况，他告诉明轩的信息与告诉维杰的，完全一样。

明轩很快也被吸引了，俩人迅速发展成了恋人关系。明轩比维杰老练得多，照片上的明轩就像他的名字一样，沉稳而干练，很有成熟男人的魅力。黎昕跟他聊天，感到前所未有的安全感和小鸟依人般的感觉。更让黎昕着迷的是，他用文字挑逗甄妮，模拟抚摸她全身那光滑的肌肤……黎昕被挑逗得面红耳赤，心跳剧烈，体验到了强烈的快感和幸福。他觉得像做梦一样，在梦中，自己就是甄妮，他体会到像女人一般的似水柔情……

黎昕不知不觉地疏远了维杰，维杰就要求跟甄妮通电话。黎昕用软件变音，柔声告诉维杰，"她"回国度假了，因为忙着跟同学和朋友们见面，所以暂时忽略了维杰，希望他原谅。维杰一听说甄妮回来了，就要求见面。黎昕千方百计地找借口推辞，但维杰不依不饶，一定要见面谈。黎昕被他缠得烦了，就挂了电话，并将维杰的手机号码设了忙音。

然后，黎昕继续跟明轩缠绵缱绻，他很享受明轩给他带来的快慰和刺激。可是，不知怎的，明轩突然不理他了。

他追问再三，明轩一反常态地用冷漠的口吻说："你这个初三的小男生，居然把我给骗了！你知道我是干什么的？我是计算机工程师啊！我用软件很容易就找到了你的真实 IP 地址，又在你的电脑和手机上安装了木马，查看了你电脑和手机里的全部资料，以及你的 QQ、微信上的全部聊天记录。你在欺骗我的同时，还在欺骗一个叫维杰的男人。你这个小骗子！同性恋变态狂！你再敢骚扰我，我就把你的资料和你做的丑事发到网上，让你声名狼藉！"

黎昕顿时傻了，赶紧断了网线，心怦怦跳了很久。

好不容易镇定下来，他拨通了维杰的手机，维杰冷冷地问："什么事？"

黎昕说："我是甄妮啊，前几天我比较忙，没有跟你联系，对不起！"

维杰说："没事，你忙吧，我现在正在陪女朋友逛街呢。"

黎昕呆了！他还想问什么，维杰挂了电话。黎昕再拨过去，接电话的是一个女声。她问："谁啊？"黎昕急忙挂了电话。

巨大的悲痛袭来，黎昕泪如雨下，抱头躺在床上，哭了一阵又一阵。中考马上就要来临了，上次摸底考试，他考得一塌糊涂，上高中是无望了。

这边，他的梦幻破灭了，明轩掌握了他的全部隐私，随时可以叫他死无葬身之地！维杰又另有所爱，不再理他了。即便维杰不放弃他，一旦知道他虚假的家世，尤其是他的同性恋身份，肯定也会鄙视和唾弃他的。

黎昕感到他的世界瞬间崩溃了！他没有理由再活下去……

那天下午，黎昕请了假，没去上课。趁着父母和哥哥都不在家，他洗了澡，换上自己最喜欢的粉白色芭蕾舞练功服，把自己房间的门反锁，打开电脑删除了所有的情感日记和照片，以及全部聊天记录，然后播放着《天鹅之死》的小提琴乐曲，服下了一瓶安眠药，怀抱芭蕾舞鞋躺在床上。

他在《天鹅之死》那如泣如诉的音乐声中，静静地迎候死神的降临……

五

黎昕坐在我的面前，双眼饱含泪水，脸上仍然挂着悲伤。

他说："王教授，我真的不想活了，中考失败了，大家都瞧不起我。我不喜欢女人，男人们又不会爱我，我就像一堆垃圾，大家都躲着我，我真想长眠不醒，在梦中或许还有人会珍爱我……"

我说："由于你父母的错误，使你成了素质性同性恋者。你的性心理已定型并成熟，现在矫正很费劲了，而且你也无法接受这种改变。如果时光能够倒流，我会全力阻止你父母的这种错误。因为他们违反自然规律，导致了你错误的性取向、错误的性行为和无尽的痛苦。尽管现在已有一些国家和地区，在法律上给予了同性恋者合法的地位，同时也不再把同性恋行为列入疾病的范畴，但是有一部分国家，仍然不允许它合法存在，并且对同性恋人群抱着深深的敌意和歧视。在我国，虽然也已经把同性恋从精神疾病分类名录中删除了，但是无论在心理学界、医学界，还是在民间，人们对同性恋者仍然普遍存在着歧视和排斥。所以你的遭遇，在短时间内无法扭转。"

黎昕悲伤地望着我说："您也歧视我们吗？"

我说："我坚决反对在孩子们中间鼓励同性恋倾向，诱导同性恋行为。我不歧视同性恋者，主张以宽容、豁达的态度对待他们，给予他们必需的生存空间和普通人都拥有的权利。但是我不赞同同性恋婚姻，因为那会鼓励青少年尝试这种反自然的行为，影响他们正常的性心理发育。"

黎昕说："我还有出路吗？您能为我指一条路吗？"

我说："首先，你要放弃在网络上亦梦亦幻的生活，更不要去骗人。因为梦幻终究会破灭的，欺骗也是要受到惩罚的。如果明轩真的把你的资料在网上晒出去，后果会有多么严重！其次，你应该勇敢地面对生活，你的年纪还很小，一切都有可能。你的父母说你练芭蕾舞很刻苦，老师都说你很有前途，而且你的歌也唱得很棒，为什么不尝试一下向演艺圈发展呢？既然没有考上高中，你也可以考虑去读艺术学校。有些出类拔萃的艺人也有性取向问题，比如，我国著名的舞蹈家金星，在她28岁之前，一直是男性身份，28岁那年她接受了变性手术，才变身为女人。

"还有韩国的第一变性美女河莉秀，她优美的歌喉也为世人所狂热追捧，欧美媒体以'具备国际歌手的条件，比起麦当娜与小甜甜布兰妮更有发展空间'的评语肯定了她的歌唱天才。

"你可以向她们学习。但我并不是让你学习她们去做变性手术，你不是易性癖，也不适合做变性手术。我是要你学习她们为了让自己得到社会的承认，为了追求自己的事业而奋发努力的精神。你也可以努力提高自己的演艺才能，然后勇敢地去尝试一回……"

黎昕越听越高兴，脸上的阴云不见了。

他说："是啊，您说得对！我从小就酷爱歌唱和舞蹈，从幼儿园到小学、中学，获了许多奖，老师们都说我是文艺小天才，我只要再努努力，一定会成功的！"

丝袜

> 恋物癖在临床上又称为恋物症。其主要特征是，患者必须一再地使用非人体的物件来达到性幻想与性兴奋。所使用的物件主要有女性内衣裤、丝袜、皮衣、高跟鞋，甚至女性身体的某部分，如头发。物件的触感与味道是相当重要的特性，它会影响患者的使用意愿。

一

刘婕是通过晚报跟我认识的。有一天，她无意中看到晚报上登载的一篇我的关于儿童性心理健康教育的评论文章，然后联系到了我。

刘婕是一个二十四五岁的女孩，明眸皓齿，长相俏丽，温婉可人。

第一次一见面，她就说："王教授，我的感情生活出了问题，我想跟男朋友分手。"说着，双眼饱含泪水，欲言又止。

刘婕说，他们是两年前认识的。男朋友在公路局工作，自己是一名幼师。相恋的时候，两个人的感情很好，男朋友对她疼爱有加，关怀备至，有求必应。男朋友的父母比较富有，对刘婕也很满意，早早地就替他们买了房子，还许诺，待他们结婚的时候，送他们一辆轿车。

刘婕挺满足的，觉得自己是那种生来就有福气的女人，丈夫宠爱、公婆呵护、工作称心、婚姻幸福，一切都是那么美满。尤其令刘婕满意的是，男朋友对她一心一意，特别专注，甚至到了有点依恋的程度。有时候，一会儿不见都会满世界找她。而且男朋友还很尊重她，相恋快一年的时间,对她没有非分之举,顶多亲吻、抚摸一下。

刘婕对男女之事并不陌生,后来她忍不住暗示男朋友,但也不见他回应,于是只好不顾羞怯之情,主动投怀送抱。不过让刘婕感到奇怪的是,他们每次发生关系前,男朋友都要反复不停地抚摸、亲吻她穿着丝袜的大腿……

二

不久,他们同居了。刘婕发现,男朋友有一个黑色的皮箱,平时总是锁得严严实实的,从来不见他打开过。

一次她好奇地问:"那里面有什么宝贝?怎么不打开来看看?"

男朋友笑笑说:"没有什么,只是过去的一些私人信件和日记等东西。"

刘婕心里有些不快,又问:"既是过去的东西,为什么不让我看?我跟前男朋友交往的信件不是都给你看过了,而且都已经毁了,你为什么还这样像宝贝一样地收藏着?我们之间难道还要各自保守着秘密吗?"

男朋友不再说什么,但就是不愿打开皮箱给她看。

俩人在一起时间长了,刘婕觉得男朋友似乎总是在掩饰着什么,对她也好像从没有真正热烈的要求,有时还要刘婕主动挑逗,他才提起兴趣应付一下。他们就像颠倒了关系:刘婕扮演着男人的角色,而男朋友就像一个女人那样被动。另外,男朋友也总是隔三岔五地值班,不回家住。

刘婕百思不得其解,总怀疑男朋友另有所爱,尤其是每当她看到那个神秘的黑色皮箱的时候,她的疑问就愈来愈强烈,她的心被猜疑、妒忌和怨气折磨着,因此她经常找借口跟男朋友发脾气。

刘婕的幼儿园准备举办迎"六一"活动。一天,她因指导小朋友们排练节目,回来晚了一些,没有敲门就直接打开房门。一进去,她就发现男朋友正手忙脚乱地盖上那个黑皮箱。刘婕虽然嘴上没说什么,但心里却暗下决心,一定要揭开这个秘密。

一天晚上,又逢男朋友值班,刘婕叫来一个锁匠打开了皮箱的锁。待锁匠走后,刘婕急切地打开这个神秘的黑色皮箱。她顿时被惊得目瞪口呆!原来皮箱里塞满了女人用的各式各样的文胸、长丝袜和内裤,仔细一看还都是用过的旧东西!在这些东西的下面,还压着许多张画面不雅的照片、光盘。刘婕用电脑播放了这些光盘,里面全是不堪入目的镜头。

刘婕崩溃了。她倒在地板上,歇斯底里地痛哭起来。原来在自己眼里那么温柔体贴、彬彬有礼的男朋友竟是这样一个人……

不知过了多久,男朋友回来了。

他没有解释,也没有分辩,只是默默地收拾好那些东西,然后坐到电脑旁,开始上网。

刘婕哭了一阵又一阵,而男朋友只顾自己上网,完全不理会刘婕,就这样,俩人一直僵持到天亮。接下来的几天,男朋友都是在外面吃了饭,很晚才回来,回来后,洗了澡倒头便睡,仍然不说什么。刘婕给他发短信,他也不回复。

刘婕想放弃这段感情,但是又不甘心,无奈之下,只好来找心理医生。

三

"王教授,我的男朋友他自己做了见不得人的事,为什么反倒不理我呢?"刘婕不解地问。

我说:"那是因为,他的私密被你揭穿了,他感到既尴尬又气愤,又无法面对你的质询,就只好选择逃避。"

刘婕又问:"那他患了什么病?是同性恋?还是性变态?可以治疗吗?"

我说:"你说的性变态,现在叫'性心理障碍',同性恋就隶属于它的名录之下。根据你说的情况,你的男朋友无疑是恋物癖患者。"

恋物癖在临床上又称为恋物症。其主要特征是,患者必须一再地使用非人体的物件来达到性幻想与性兴奋。所使用的物件主要有女性的内衣裤、丝袜、皮衣、高跟鞋以及女性身体的某部分(例如头发)等。物件的触感与味道是相当重要的特性,会直接影响患者的使用意愿,例如穿着过的女性内衣裤所残留的味道。

物件获得的方式通常是偷,有时候偷窃的犯罪行为会反客为主,亦即偷窃行为的兴奋与紧张,会增加性刺激,所偷的物件反而变得不是那么重要。

恋物症患者大部分均为男性,虽然有女性患者的病例报告,但微乎其微,而实际的流行率并不清楚,而且患者同时具有两种以上性偏差的现象非常普遍。病症的开始通常是在青少年时期,但临床上中年男性则是主要的族群。在疾病发生后,病程通常会逐渐慢性化且持续很长的一段时间。

我国精神疾病分类方案中提出的恋物癖诊断标准是:1. 在强烈

的欲望与兴奋的驱使下，反复收集异性使用的物品；2. 至少已持续6个月。

而关于恋物癖的起因，现在尚未有完备的概念、理论可说明恋物癖的病因。但国外专家研究发现，这类患者都存在着一定程度的社交障碍，特别是与异性的交往障碍。对异性的仰慕无法通过社交来增进关系，退而求其次是一种原因。

在青春期初期，无意中通过异性贴身用品获得性快感，后来又经过反复行为被强化，形成不良性习惯，也是一种原因。国内专家根据临床经验提出，导致此类疾病的原因很复杂，多和个人成长经历、家庭、社会文化环境、性教育不当等有关。

由于医学界还没有专门治疗恋物癖的特效药，目前国内一般采用单一的药物治疗或单纯的心理治疗。恋物癖是性心理幼稚的表现，因此年龄越小，纠正的难度越小。

关于恋物癖的预防，要注意以下方面：

1. 处理好恋母情结的转化。对于恋物癖等性偏好障碍的防治要从幼儿开始，尤其是处理好3~5岁时幼儿恋母情结的转化。比如母亲不要过于溺爱男孩，并要在孩子面前强化对父亲优良品质的认可，否则如果过度溺爱而又当面指责孩子父亲的不是，会阻碍男孩将对母亲的依恋转换为对父亲的认同。

2. 避免不良的性刺激。母亲在男孩3岁以后不宜与他同床共眠，不要在孩子面前穿着内衣，不要玩弄男孩的性器官，夫妻亲密行为尤其是性生活也要避免让孩子看到。

3. 及时、正确的性教育。在不同年龄阶段要根据孩子的心理特点进行及时、正确的性教育，引导他们正确认识两性生理和心理的差异，消除对异性的过分神秘感。对异性的好感或爱慕甚至早恋不要一味地打压而要合理地引导。

4. 培养孩子良好的性格。高度重视家庭环境对幼儿人格的影响；鼓励孩子努力学习，积极参加集体活动，培养良好的个性品质，如开朗大方、勇敢自信等。

5. 减轻孩子的压力。父母除了关心孩子的身体健康和学业以外，更要重视孩子的心理健康，形成亲密的亲子关系，并学会帮助孩子减轻各种压力。

四

刘婕听了，忧心忡忡地问："我的男朋友已经是成年人了，他还有希望治愈吗？"

我说："恋物癖患者如果有比较满意而且长期稳定的异性关系或婚姻，病症会逐渐消退。但如果患者是单身且无性伴侣时，通常最为糟糕，他的症状会持续并不断加重，最后到无法纠正的地步。你的男朋友目前对你还是很满意的，你们的关系发展得也挺顺利。现在你突然知道了男朋友的患者身份，捅穿了一直隔在你们之间的这张纸，这也许是一件好事，这会促使你们去面对这件事，迫使你的男朋友做出选择：到底是要你，还是继续偷偷摸摸地恋物？你这时如果不放弃他，给予他温情，并且由心理医生持续地对你们进行科学的引导与帮助，最后矫正的希望还是很大的。"

刘婕似乎又重新燃起了希望，问道："需要我的男朋友来您这里做心理咨询吗？"

"当然需要。"我说,"他本人对疾病的认知,并下决心矫正,这非常重要。因为他如果抗拒医生的指导,那么任何外界的因素都是起不到作用的。"

刘婕咬咬嘴唇说:"我一定会让他心甘情愿地来您这里咨询的。"

她想了想又问:"我的男朋友不是同性恋者,那为什么会对同性之间的性行为那么感兴趣呢?他保留的光碟中有那么多的男人跟男人,女人跟女人之间的同性性行为视频。"

我说:"露阴癖、窥阴癖、异装癖、易性癖、同性恋等与恋物癖同属于性心理障碍名录之下,它们的致病机理有着相同或者相似之处,就是幼年时期性心理转折不顺利,或者出现了偏差。一般情况下,幼儿开始均与母亲接触密切,母亲是孩子人生的第一个老师,也是他(她)的第一个性别角色示范者。在三四岁之前,无论男孩、女孩通常都是以母亲为榜样,学习得到女性化性别行为。

"三四岁以后,男孩开始更多地转向接触父亲等男性榜样,学习得到男性化性别行为,从而使性心理认同及性心理偏好,出现了一个转折;而女孩则不要经历这个转折,因此,女孩的性别心理行为定型较男孩要顺利,在性心理发育方面所遇到的麻烦也远少于男孩。如果男孩的这个转折不顺利,或者性心理发育由于种种原因出现偏差,那么就会出现性变态,也就是性心理障碍。你的男朋友对同性性行为感兴趣并不能说明他就是同性恋者,只能说明性心理障碍患者有类同的性心理活动。"

在刘婕起身准备离开的时候,我指了指她腿上的黑色丝袜,说:"是为了他吗?"

刘婕苦笑了一下,说:"他喜欢我穿丝袜的样子,天气再热,我也只好穿连裤丝袜。过去我不明白,还以为这是他个人的偏好,现在我才知道,他喜欢的不是我,而是丝袜。"

我说:"你要从穿着上入手,一定不要强化他的恋物行为。"

刘婕担心道:"要是那样,他不肯再亲近我怎么办?"

我说:"你现在要做的第一步就是,跟他敞开心扉谈一次,劝他接受心理咨询,我相信以你们之间的感情,你是能够做到这一点的。"

五

我们大部分的母亲无论如何也意识不到,她们长期地跟男孩过分地亲近,或者长久没有父亲一类的男性长辈们做性别榜样,或者对他的性教育态度出现偏差,将来这个男孩很有可能成为性心理障碍患者(性变态者)——刘婕的男朋友就是一个这样的人。

在我的职业生涯中,无数次遇到心急如焚的父母们,带着十二三岁的男孩前来求助,男孩不是恋物癖,就是窥阴癖,或者是易性癖,等等。在对这些孩子进行艰难矫正时,我常想,如果孩子的父母们早一点具备这方面的知识,及早进行干预,就不会出现这种情况了。

家长要根据孩子的年龄及时进行相应的性教育。儿童在 3 岁前性别意识已形成,这期间家长应进行"潜移默化"的性教育。如根据孩子的性别不同来穿衣服、玩玩具,让孩子认识到男女的差别,形成正确的"心理性别",使孩子的心理成长与其自身性别一致。

孩子 6~10 岁阶段,此时的孩子性意识进一步增强,出现了有的不愿意和异性同桌、同行,有的为自己的性别而骄傲、自豪。此时家长不应该粗暴干涉孩子的这一心理现象,而应该加以肯定。如果发现孩子厌恶自己的性别角色,则应该及时纠正,以防日后发生性别角色倒错现象。

此时还要教给孩子性卫生的基本知识，学会保持性器官的卫生。同时应该教会孩子如何保护自己，鼓励孩子的独立倾向，要求孩子要男女有别，应特别教育男孩子要尊重女性。教给孩子男女交往的一般道德规则，要孩子自尊、自爱，等等。

每一个家长都应该积极主动地学习和掌握儿童的性科学与性心理学知识，并将其运用到孩子的性教育中，这样成年之后的女孩子们，遇到像刘婕这样的苦恼的机会就会少得多。

独舞

> 同性恋可分为素质性同性恋和境遇性同性恋。境遇性同性恋，顾名思义，就是其生活环境中长期没有异性存在，于是，在生理的驱使下，同性之间相互取悦、满足。长此以往，日久生情，就催生了同性恋的心理与行为。与境遇性同性恋截然不同的是，素质性同性恋的形成有着不可忽略的家庭背景和社会因素。

一

珍珍今年28岁，在一家外企做高管，她的前任男朋友原来跟她是同事，他们一起有过一段甜蜜的时光。后来，男朋友被派往欧洲工作，他们的感情逐渐冷淡。一年以后，男朋友终于通过电子邮件，向她提出了分手，她没有回复。当天下午，她把男朋友留下的东西，打了一个包，寄给了他。晚上，她把他过去送给她的东西扔进垃圾篓，又打开电脑上的照片，看了他们过去在一起时的那些浪漫、温馨的合影，然后慢慢地、一张一张地删掉了……做完这一切，她放开大哭了一场……

她决定重新开始生活，去健美训练馆办了一张年卡，每周三个晚上做健美塑身训练，认识了很多来参加健美训练的姐妹。大家在一起有说有笑，十分快乐，每逢双休日，还一起去逛街、购物，日子过得充实而宁静。

但宁静的生活很快就被打破了。给她们上课的健美操女教练因为孩子患病住院，请了长假，接下来的课由艺术剧院的舞蹈老师吴筠逸代上。

吴筠逸是个男老师，大概30岁出头。他个头不高，但身材很匀称，看得出来，每一部分都经过良好的锻炼。他虽然长相不算英俊，但他很爱笑，且笑起来十分灿烂动人，给人一种很阳光的感觉。他的健美操棒极了，动作轻盈，像飞一样。

大家很快就喜欢上了他。课间休息时，学员们争先恐后地给他递毛巾、扇扇子、买饮料、问长问短……珍珍只是远远地看着。她知道，他会注意到自己的。她对自己的外貌和气质很有自信，曾经参加全省礼仪小姐大赛，进入过前10名。当时评委对她的评价是"靓丽而稳重，娴静而优雅"。

吴筠逸显然很快被珍珍吸引了，经常有意无意地跟珍珍说话，训练时也常常叫珍珍出列做示范，还夸珍珍的体型好、柔韧性好，等等。女友们纷纷开始吃醋，珍珍并不在意，也不着急，因为她不知道吴老师是否有家室，如果有的话，那么一切都失去了意义。

有一次，几个少儿班的小朋友嘻嘻哈哈地跑来看热闹。珍珍故意指着其中一个10来岁的孩子问吴筠逸："吴老师，你的孩子也有这么大了吧？"

吴筠逸有点沮丧地反问："我看起来有那么老吗？我现在连老婆都没有，哪来的孩子？"

珍珍心中暗喜，决定一定要好好把握，决不错失良机。

她开始主动跟吴筠逸约会，约他看电影、吃饭、逛公园，等等。可是，她感到吴筠逸对她若即若离，忽冷忽热。她猜他可能有女朋友，但又觉得他平常显得无牵无挂，一副逍遥自在的样子，完全不像一个有女朋友的男人。珍珍做了一百种推测，但还是找不到答案。

于是她特意请教了一位有经验的大姐。大姐说：有些男人因为自身条件好或者职业的缘故，常常处于女性的包围和追捧之中，因而有些骄傲。期盼他们主动追求女孩子是不太现实的。因此对待他们，一定要主动出击，用情真挚、以情动人。

　　珍珍听了大姐的点化，觉得很有道理，决定试一试。她不顾女友们的冷嘲热讽和自己一贯的矜持，全心全意地对吴筠逸好。

　　在做体型训练时，音乐声很大，一场场下来，吴筠逸嗓子很疲劳，珍珍就给他泡清音利咽茶喝；吴筠逸经常跳舞，指导健美操训练，鞋坏得很快，珍珍就买了昂贵的品牌运动鞋给他；吴筠逸一次在练功时不慎扭伤了脚踝，珍珍不但陪他去医院做按摩治疗，而且亲自煎中药给他服用……

　　吴筠逸很感动，一次他动容地对珍珍说："你对我真好！只是，我怕耽误了你……"

　　珍珍听不太明白，但她也没太在意。她觉得，只要自己一心一意地对吴筠逸好，总有一天他会被感动的。

　　在照顾吴筠逸的那些日子里，珍珍几乎天天都去吴筠逸的单身公寓。公寓虽然很小，一室一厨一卫，但很整洁、很干净。墙上贴着几幅吴筠逸演出时的巨幅照片，有黑白的，也有彩色的，在柔和的灯光下，显得那么高雅。珍珍仔细观察了整个房间，不见任何女人的用品，甚至没有一丝女人来过的痕迹。珍珍还偷偷看过吴筠逸手机里的通讯录和通话记录，很少见女性的名字，尤其是重复出现的女性名字就更少了。珍珍放心了，她庆幸，自己遇见了一个难得纯净的好男人。

二

　　继续交往了一段时间，珍珍又产生了新的疑虑。吴筠逸从来对她没有过分亲近的意思，顶多就是拥抱而已。珍珍有几次故意在他那儿逗留到很晚，吴筠逸也没有留她住下。

珍珍体验过男人的激情和冲动，她知道男人在女人的挑逗下，是很难自制的。但是吴筠逸为什么在她多次暗许下，都无动于衷呢？难道他不爱自己？或者他只是把她当成普通朋友？或者他有生理上的缺陷……

她百思不得其解。她甚至以已婚妇女的身份，去医院咨询过男科医生，但也没有满意的答案。

她实在想不明白，于是决定实施一个令自己脸红、心跳加快的计划——

那天晚上训练结束已经10点了，吴筠逸照例开着摩托车送她回家。在路过一家酒店时，珍珍突然说：今天是她的生日，她想请他吃夜宵。吴筠逸犹豫了一下，跟她进了酒店。在餐厅，珍珍点了好多菜，又要了两瓶葡萄酒，然后跟他对酌起来。一瓶葡萄酒见底，珍珍不胜酒力，滑倒在地扶不起来。吴筠逸只得抱起珍珍，准备叫出租车送她回家。珍珍搂着吴筠逸，贴在吴筠逸的怀里，嘴里嘟囔着，一百个不愿回家。吴筠逸只得在酒店里开了个房间，让她休息。进了房间，珍珍撒娇发嗲，满头的乌发散乱了，衣裙也脱落了……吴筠逸紧紧地抱住了她……

经过那一夜，珍珍算是彻底放心了，吴筠逸没有生理问题。珍珍满心欢喜地期待着吴筠逸把单身公寓的钥匙给她，但事情并没有向她预想的方向发展。吴筠逸不但没有想让她住进去的意思，而且对她又恢复了若即若离的样子。有时，珍珍用探询的眼光看他，他竟回避她的目光，眼神里闪过几丝慌乱。那是什么？

珍珍又一次感到迷惑了。

有一次，他们在一起时吴筠逸的手机响了，他没有坦然地接通电话，而是起身躲出去接听，回来后便找了个借口匆匆离去了。珍珍以女人特有的直觉感觉到,自己还有一个潜在的对手。她非常妒忌,也很气愤,决意要捅破这层纸,逼吴筠逸做出选择。

一天晚上,珍珍拨打吴筠逸的手机,发现他关机了,于是忍着醋意等到 10 点后来到吴筠逸公寓楼下。仰头看见三楼那间熟悉的房间,窗帘被拉上了,隐约漏出灯光。她跑上楼猛地敲门,但里面迟迟不开门。珍珍不知哪来的那么大气力,一脚踢开了木门,眼前的一幕让她惊呆了:吴筠逸和一个 20 岁上下的男孩正赤身相拥在床上。

珍珍无法相信眼前的一切,木然地站在那里,没有哭闹,没有厮打,甚至不知道那个男孩什么时候逃走了。吴筠逸穿好衣服,也木然地坐在床边,没有尴尬,没有慌乱。

待了半晌,珍珍才问,你这是为什么?吴筠逸说,你都看见了,我就是这种人。珍珍又问,那你为什么跟我……吴筠逸回答,不知道……

三

珍珍坐在我面前,无声地流泪,她实在想不明白,这一切怎么会这样不可思议,这样糟糕?

我告诉她,吴筠逸是同性恋者。

同性恋可分为素质性同性恋和境遇性同性恋。境遇性同性恋,顾名思义,就是其生活环境中长期没有异性存在,于是,在生理的驱使下,同性之间相互取悦、满足。长此以往,日久生情,就催生了同性恋的心理与行为。

境遇性同性恋又称为"两性恋"或"双性恋"。当境遇改变,如生活中出现异性或者性的情境发生变化时,境遇性同性恋者很可能产生异性恋，并且与异性结婚、生子，但他们的婚姻生活往往不能像常人一样顺利，可能还会因为同性性伴侣的介入而归于失败。

与境遇性同性恋截然不同的是，素质性同性恋的形成有着不可忽略的家庭背景和社会因素。

性心理学与行为医学的原理认为，素质性同性恋产生的原因有三：一是幼年时性别角色榜样异性化；二是性心理自我认同发生异性化；三是青春期以前缺乏同性集团，并且跟异性交往过密。

首先，家庭长辈及社会干预对儿童性心理发育和性心理自我认同，具有强大的影响力或决定作用。在孩子的性心理发育过程中，家庭和社会对孩子的性别偏好、心理行为（如玩具类型、衣着式样、打扮方式、性格嗜好等）有着直接和间接强化作用。

父母对儿童的性别偏好心理行为，表现出直接的认可或反对具有直接强化作用；儿童通过对父母及社会环境中的榜样人物的性别角色示范行为，进行观察及模仿所得到的作用具有间接强化作用。

如果在孩子的性心理认同期（3岁前后），家庭和社会对其性别偏好心理行为的强化作用出现反常（如将男孩做女孩打扮等行为），则极易导致孩子性心理自我认同发生异性化，从而为同性恋倾向埋下隐患。

其次，本来无同性恋倾向的孩子，在素质性同性恋者的引导与"感化"下造成角色自我认同异化，也有可能转变为同性恋者。

还有一个重要因素，那就是同性集团的形成。孩子进入学龄期之后，由于性心理认同基本完成，性别偏好仍在继续充实与发展，社交领域不断扩大，于是他们的同性交往不断加强，分别依照自己的性心理认同，开始与同性伙伴一起玩耍，并逐渐形成同性集团，比如男孩一起打闹、玩冒险游戏；女孩一起玩过家家游戏，等等。这将有助于进一步强化其本性性别意识，使本性性别偏好和性别心理定型继续完善和健全；同时又可造成男女之间的无形分隔，减少他们之间的心理行为交流和相互学习的机会，有利于纯化他们各自的性别行为，形成显著的两性角色差异，并使少男少女之间产生疏远和陌生感，为日后两性之间产生巨大的吸引力积聚内驱能量。

如果孩子自幼缺少同性集团，而长期的玩伴又多是异性时，他（她）的性心理发育就容易出现偏差。进入青春期后，他们就会对过于熟悉的异性兴趣索然，甚至产生反感和厌恶，而对陌生的同性伙伴则眷恋不舍，最终导致性别心理倒错和同性恋意识及行为的形成。

素质性同性恋一旦形成，极难更改，无论采取交异性朋友，尝试正常婚姻，进行其本性性别行为的强化，使用性激素或给予行为矫正治疗等手段，都很难发生效用。

四

珍珍问："吴筠逸是素质性同性恋者，还是境遇性同性恋者呢？"

我说："一时还难以确定，因为尚缺乏完整的资料，最好是能够掌握他幼年时期的生活史和性心理发育史。"

听我这么说，珍珍的眼里似乎燃起希望的火星。

她说："吴筠逸绝不是素质性同性恋者，因为他跟我有过……如果他是境遇性同性恋者，就是可以矫正的，对吧？"

我说："无论素质性同性恋或境遇性同性恋者，他们在特定的性情景下都可能偶尔跟异性发生性关系，这不能说明什么。境遇性同性恋者，通常是在其生活环境中长期没有异性的情况下产生的。吴筠逸生活环境中女性很多，显然不是这种情况；还有就是本来无同性恋倾向的人，在素质性同性恋者的引导与'感化'下转变为境遇性同性恋者。从吴筠逸与那个男生的关系来看，吴筠逸应该是主动者。因为不管从年龄、个人阅历还是一般经验上，那个男生都不太像主动者。你难道没有疑问，他为什么30多岁了连女朋友都没有？"

珍珍摇了摇头，似乎不太相信，或者不愿相信。

我又说："即便吴筠逸是境遇性同性恋者，你将来嫁给了他也不会幸福，境遇性同性恋者因为性取向存在问题，因此会出现两性均可的现象，也就是既可以跟女人又可以跟男人发生性行为，你们之间很可能出现同性恋第三者。"

珍珍犹豫了一会儿，问道："如果吴筠逸是境遇性同性恋者，如果我能接受他有另外一个男人的话，那么，我们会幸福吗？"

"你能做到这么豁达吗？"这回轮到我摇头了。

珍珍笑了一下，笑得有点苦涩。"王教授，我相信缘分。世上有的人嗜酒，有的人嗜药，有的人嗜烟，有的人嗜赌，吴筠逸如果是境遇性同性恋者，他有这么点嗜好，只要他爱我，我想我是能够理解和原谅他的……"

我很吃惊，眼前这个女子，痴迷一位同性恋者，而且心甘情愿为他做出这么大的牺牲！有时候，旁人都看得清清楚楚，唯有痴情者沉迷其中，任人千呼万唤，始终不能清醒，不愿回头。他们没有心理疾病，人格也很健康，但却有着惊人的执着和韧性。

我应该放弃珍珍吗？我曾经帮助了那么多的人走出困境，我能帮助珍珍解脱吗？我决定试一试。

我对珍珍说："男女两性的性别差异，在生理学、社会学和心理学方面的区别，是符合生物运行规律的自然选择，是人类社会文化发展的必然结果，是人类种族延续的需要。异性恋正是在这种差异和区别作用下所萌生的健康、符合自然的标志性性取向。同性恋则恰恰相反，它是违背自然规律，对抗生物遗传学原则，反人类社会文化和人类种族正常延续的一种变异了的情感。作为心理医生，我不会歧视它，也会给予足够的宽容和理解，但我并不支持它，这是为了维护自然规律的严肃性，也是为了孩子们有一个健康的未来。珍珍，假设你跟吴筠逸结了婚，你们有了自己的孩子，你不担心孩子的性取向会受父亲的影响吗？"

珍珍说："这些道理我都知道，但是，我是个小女人，我想不了那么长远，也管不了人类的大事，我只希望有一个自己满意的婚姻，希望我爱的人爱我，就这么简单。"

我说："'人无远虑，必有近忧。'而且同性恋还跟艾滋病密切相关。据我国疾控中心相关数据表明，截至 2020 年底，男男性行为者是感染艾滋病毒的最高危险群体。"

珍珍愣了一下，显得有些惊讶。

"有那么严重吗……"她想了想又说，"不会那么巧吧？吴筠逸不会感染艾滋病的，他那么爱干净……"

我苦笑了一下，说："珍珍啊，干净与不患病之间是没有必然联系的。就算他目前不是 HIV 的感染者，他今后仍然有被感染的危险，只要他还是同性恋者。"

珍珍陷入了沉思，我不知道她在想什么，但我知道，她没有被我说服。

五

几天以后的一个早晨，我刚到医院，值班护士就向我报告：珍珍自杀未遂，被送来抢救了！

我很意外，那天她离开咨询室的时候，情绪很平稳，还平静地向我道别，没有流露任何自杀的迹象，怎么就会突然自杀呢？

我来到急诊室，见珍珍安静地躺在那里。

值班医生说：她是服安眠药自杀的，幸亏被发现得早，已经洗过胃，现在基本脱离危险了。

我望着珍珍那张苍白的脸庞，心里仍是疑窦重重：她情绪上的突变，没有动机基础，也有悖于我多年的临床经验，莫非是……

正在猜疑，她醒了，望着我，几次欲言又止。我示意医生和护士出去。

然后，珍珍握住我的手说："王教授，请您这次一定帮帮我！待会儿，吴筠逸会赶过来看我，您帮我试探一下，他心里到底是怎么想的，对我在不在意，好吗？拜托了！"

我的猜测被证实：珍珍是为了试探吴筠逸是否对自己真心，而用了这个苦肉计。可是不知她想过没有，这样的"苦肉计"，实施起来要承担多么大的风险？！

我暗叹：这个极其聪明的女子，她用这危险的一招"绑架"了我和吴筠逸，使得我不能不帮她考察吴筠逸，弄清他的底线；另一方面又迫使吴筠逸不得不出面照顾她，从而公开他们的关系，也逼迫吴筠逸做最后的表态。

吴筠逸来到我面前时，没有显露一点怯弱和难为情，十分坦然地承认了他的同性恋身份。

他说："我不认为我应该低人一等。我只是性取向跟常人不同而已，除此之外，我不觉得我跟大家有什么两样。现在我们这个群体愈来愈大，在许多国家，同性婚姻已经得到正式的承认，而且世界上许多国家已经给予法律上的合法地位。在美国，同性恋人群甚至可以影响到总统大选的选情，许多优秀的学者和政治家也都公开自己的同性恋身份，这没有什么可羞怯的。"

吴筠逸给我的印象不仅仅是语言表达能力好，他的确如珍珍所描述的那样，很阳光，很干净，举止利落、洒脱，给人一种轻盈的飘逸感，还有一种清雅的傲气。

现在我才明白，珍珍为什么会对他如此着迷，他的确对女人很有吸引力。

为了更准确地判断吴筠逸是境遇性同性恋或素质性同性恋者，我询问了他的既往史。

六

他从小是姐姐带大的，姐姐比他大9岁。自他记事起，姐姐就与他朝夕相处：给他喂饭，帮他洗澡，带他玩耍，抱着他睡觉。他没有进过幼儿园，自幼的玩伴都是姐姐的女同伴。姐姐也喜欢给他梳小辫子，把他当作女娃娃打扮。懂事的时候，他慢慢对姐姐的花衣服感兴趣，妈妈就把姐姐的衣服改小后给他穿。上学以后，他的玩伴都是女孩子，玩伴们对他也很亲热，有时几乎忘记他是男孩子。上初中的时候，他开始对男孩子感兴趣，并有了关系密切的男同学。15岁那年，他考上了艺术学校，在那里他有了第一次性体验。他的第一个性伴侣是一个30岁的男人，他的舞蹈老师。从那时起，他就成了一个彻底的同性恋者。他有过许多同性性伴，也曾被许多不知内情的女孩子追逐过，但是他从来没有喜欢过她们，更不用说跟她们发生恋情了。

"我不爱女人，更不想跟她们生活在一起。"吴筠逸说，"结婚这种事，对大家来说，也许是一种甜蜜的渴望、一种幸福的期盼，但对我来说，只能是一种悲哀、一种无奈。我们这类人，在我国，至少在可以预见的未来里，是不会有希望被允许结婚的，所以我们只能生活在地下。我不奢望得到您的支持，因为您不是我们，您不会理解我们的情感。这种情感必须要亲身体验才能够产生深刻的理解和共情，所以希望大家共情是不理智的，也是不可能的，我们永远是少数，是另类……"吴筠逸伤感地垂下了头。

我没有辩驳，没有回应。对于他们，唯有尊重。

从吴筠逸的性心理发育史，证明他毫无疑问是一个素质性同性恋者，他是绝不可能钟情于异性的，珍珍的期望只是一个美丽的梦想。

我对吴筠逸说："你跟珍珍既然不可能，那么请不要再伤害她，也不要再给她错觉，请明确地向她表白清楚，彻底地断了她的念头。这样，她虽然短时间内会比较痛苦，但是这比让她无休止地痴迷下去要好得多。"

吴筠逸说："我早就想这样做了，只是珍珍不给我这样的机会。也请您转告她，我不爱她，我也不会爱任何一个女人。我爱男人，我这辈子注定不会结婚，我喜欢自由自在、无拘无束的生活，就像我的职业——永远在跳舞，永远不会停息……"

他去找珍珍了，没有再回来；珍珍也悄悄地出院了，没有再来找我。

隔了一个月，我收到珍珍发来的短信息，只有简单的三个字："谢谢您！"

解脱

> 婚姻质量的高低不是取决于婚姻是否维持下去,同样婚姻维系的时间长,也不能代表婚姻的双方就必定幸福。有时候,离婚是一种解脱、一个重新开始的契机,是另外一种幸福的降临。

一

一天,我的咨询室里来了一位面带愁容的中年男子。他犹犹豫豫地进来之后,坐在那里半晌没有吭声。

我和颜悦色地问:"有什么事我可以帮你呢?"

男子仍然一言不发,眼神游移不定。

我知道,一般家庭里出现了不能示人的情感纠纷之时,许多人都会遵循"家丑不可外扬"的原则,选择对外保持沉默,只有到了万不得已的情况下,才会向人求助。因此,心理咨询的耐心原则很重要。

待了一会儿,我又说:"先生,如果你还没有考虑好的话,就请暂时回去,什么时候想好了再来咨询……"

话还没说完,这位男子倏地起身,上来紧紧握住我的手,声音颤抖地说:"王教授,请您一定要帮我!我的家庭要完了……"

他告诉我,他与妻子在相恋时感情挺不错的。那时他在Y市一家大型国企里担任中层领导,妻子在省会一家通讯集团公司里工作。每到周末，他都会搭乘高铁去省城看望她，而她也很期待俩人的相聚。

后来结婚了，他们的感情反而淡薄了许多。他千方百计地调来省会工作，可是，她却升职调去了Q市分公司，担任分公司经理。他不理解她为什么要这样，而她却说是工作的需要。后来他因为一起经济纠纷案件，被警方拘留，三个月后无罪释放，回到家才知道，妻子已经怀孕了。

就要做父亲了，他当然很高兴。孩子足月出生，是个可爱的男孩，一家人都沉浸在幸福之中。

他非常疼爱孩子，也因为自己是独子，现在妻子又为他添了一个男孩，于是他更加宠爱妻子了。

然而，随着孩子一天天地长大，一个严重的问题逐渐显现出来：孩子跟他长得愈来愈不像。有时他带着孩子出去玩，总有邻居或熟人有意无意地对他说："哎呀，这孩子怎么长得一点都不像你啊？"

他一开始并没有在意，因为孩子还小，心想长大了自然就像了，再说，天底下模样不像父母的孩子多着呢！难道都有问题不成？

话虽这样说，但他的心里总是有点不快。

随着孩子一天天长大，这个问题在他心里也越来越沉重。而且，妻子生了孩子后又患了产后抑郁症，整天情绪低落，有时好好的，突然就会抹起眼泪来，还经常说不想活了之类的话。他本来是一个爽快人，这下子也在心里犯了嘀咕。

就在孩子两岁的时候，他偷偷带着孩子去做了亲子鉴定。

在等待鉴定结果的那几天里，他度日如年，心里急得像热锅上的蚂蚁。

结果出来，他小心翼翼地展开报告单，看到鉴定结果时只觉得头晕目眩：孩子跟自己没有血缘关系！

　　他一个人在街上瞎逛，各种想法一起涌上心头。他想打断妻子的腿，逼她交代实情；他想查明妻子的情人，然后杀了他；他想把不属于自己的孩子扔到河里淹死，然后与这个绝情寡义的妻子同归于尽……

　　后来他冷静下来，决定先查明孩子的父亲是谁。

　　他弄到了妻子手机的全部通讯资料，迅速找到了跟妻子联系最密切的人的电话、身份证号码、工作单位、住址等资料，并且下载了他们之间的关键性短信息。在短信息中，妻子称呼这个男人"老公……"

　　毫无疑问，这个男人就是妻子的情人、孩子的亲生父亲。继之他查明，这个男人就是妻子总公司的副总经理。

二

　　"王教授，您说我该怎么办？"他说，"我来找您求助，实在是出于无奈，我真的不想让旁人知道我家的这些丑事，就是我的父母，我都没有说。"

　　"谢谢你对我的信任！"我说，"你考虑过离婚吗？"

　　"想过一百遍了。但是我不甘心就这样放过他们！他们给我的伤害太大了。"他气愤道。

　　"你可以起诉离婚，并且向他们索要经济损失和精神补偿。"我说。

　　"他们赔得起吗？我和我父母这两年为了这个孩子付出了多大的精力和代价啊！我们也舍不得孩子。"他愤然道，"就算他们赔得起，我也不会放过他们！"

　　他说，他俩一定是在他被拘的那段时间发生了不该发生的事情。他也问过妻子，但妻子说是一次喝醉后，无意中做了错事。

我对他说，根据你提供的信息和细节，请恕我直言，你的妻子可能早就跟上司有了私情，也许就在你们刚结婚不久。你的妻子在你费尽千辛万苦调来省会工作时，为什么偏偏要调到Q市分公司工作？还是升职担任了分公司经理，是谁提拔的她？你被拘后不久，她就查出怀孕了，产后她情绪波动大，伤心、甚至想自杀，这不仅仅是因为患了产后抑郁症，或许是因为她担心终有一天会东窗事发，被你知道。她可能一开始就不爱你却偏偏嫁给了你，更错误的是：跟你结婚，却生了别人的孩子。

"您是说，她一开始就不爱我？我们的感情基础一开始就不牢靠？"他连连摇头，"我认为，她是在我被拘那段时间才变的，也是在那段时间才与上司勾搭上的……"

这样的结论，作为当事人，他一下子是难以接受的。即便他在理智上认可我的分析，在感情上也难以承认，关键他目前还难以割舍对孩子的牵挂和对妻子的依恋。

三

"我们先把你与妻子之间的恩怨纠葛放在一边，来谈谈孩子吧。"我问，"你打算怎么处理这孩子呢？他是无辜的。"

"是啊，我为难之处就在里。"他皱紧了眉头，"这孩子出生后就没跟我分开过，孩子的妈妈倒是经常到Q市分公司上班，时常离开，所以孩子待我最亲，我也很喜欢他。说真的，让我现在放弃他，真做不到。但现在只要看见他，我就会想起他的亲生父亲，心里又不是滋味。

您看，这是孩子的照片。"他递过来一张照片。

我接过来一看，一个天真无邪的小男孩在冲我微笑。

"孩子的确很可爱。"我说，"但是，如果你还想挽救你们的婚姻，就必须舍弃这个孩子，因为无论过多久，这个孩子都是你们婚姻的隐患，而且，随着孩子渐渐地长大，这个危机会越来越明显和严重。"

"那我该怎么办呢？"他有些焦虑道，"放弃孩子，让他去哪里呢？"

"让他回亲生父亲身边。你可以跟你的妻子谈好，你可以原谅她，可以不计较她的错误，你们的感情可以重新开始，可以再要一个自己的孩子。"

"如果我想放弃婚姻，而不是放弃孩子呢？会有什么样的结果呢？"

我淡然一笑说："那样做就更没有意义了。孩子不是你的，你辛辛苦苦把他养大，他终究要去找他的亲生父母亲的。还有，你将来是不是要再婚呢？如果是的话，这孩子又是一道屏障。"

他焦急得直搓手，说道："难道就没有两全其美的办法吗？"

他突然像抓到了一根救命的稻草，忙说，"如果，如果我和妻子先留着这个孩子，然后我们再另要一个自己的孩子，这样，问题岂不是解决了？！"

我轻叹一口气道："你想得太简单了。将来你有自己的孩子，你在感情上一定会厚此薄彼，那样不仅伤害这个孩子，也会伤害你的妻子；还有只要这个孩子出现在你的面前，你没法不想起妻子的背叛和无情。"

"难道就没有更好的方法来救救我？"他神情沮丧，眼里含着泪水说，"人家都说，您是我们这里最好的心理医生，您难道就这样见死不救？"

我说："其实我有一个建议，对你来说是百益而无一害的，只是你不愿意听。"

"那是什么？"他为之一振。

"离——婚——"我一字一顿道。

他又颓然地抱住了头。

我看着眼前这个男人，心里既有同情，又有点轻蔑。

我知道后面这种情感不该有，同时也不利于咨询。

人和人是不一样的，我们不能期望别人和自己一样坚强而果敢，不能要求求助者，像自己一样冷静而理智，正是因为他们的软弱、犹豫和感性，才有了我们所赖以谋生的职业，所以千万、一定不要鄙视他们。无论我们的名望有多么大，技术有多么高，有多么受人尊敬和颂扬，永远不要忘记这一点。

我耐心地引导他："离婚当然是一件令人痛苦的事情，但是这对你是有益的。从你描述来看，你们俩人的感情基础并不牢靠，相恋之时就分多聚少，结婚之后更是如此，妻子不但对此毫无怨言，还以工作为借口，促成这种分离，其间又与别人有染。你在蒙冤被拘之时，她不仅不跟您患难与共，竟然还怀上别人的孩子。她这样做，也许有她自己的理由，她的理由之一就是她不爱你。

"在我国的传统观念里，血缘关系是永远无法斩断的人际关系。你现在觉得不在乎孩子是不是亲生的，这是由于你在感情上暂时还无法割舍孩子，也因为孩子天真可爱。任何动物对幼小的同类或者异类都会有怜爱之心，就连凶残的狼也会收养人类的幼仔。但是随着孩子的长大，随着你自己孩子的出生，你的这种感情就会慢慢减弱甚至消失，取而代之的将是各种不舒服和厌恶。如果你还保留现在的婚姻关系，他将会成为你们婚姻的刺，如果你选择离婚再娶，等再生了自己的孩子，结果也是一样的，因为我们骨子里很难摆脱厚此薄彼的传统血缘观念。血浓于水，自古就是如此。

"你说，我可以不再结婚，就守着这个孩子过。你这样做也未必有好的结果。在我过去工作过的一家医院，有一对做勤杂工的夫妇，他们因为不能生育，就领养了一个女孩，千辛万苦把她养大成人，并安排在医院上班。但后来这个女孩知道了自己的身世，一次趁着父母干预自己谈恋爱之事和他们大吵一架，从此就搬走不再与养父母往来，还口口声声说：'我又不是你们亲生的，你们凭什么管我？我凭什么孝敬你们？'再后来，听说她想方设法找到了自己的亲生父母，一家人亲亲热热地过日子去了。

"所以从常理来看离婚并放弃这个孩子，是你最好的选择。

"我今天违反了心理咨询的支持原则，没有支持你的愿望，但是我不愿看到你永远沉浸在彷徨和苦恼中不能自拔。"

他点燃一支烟猛抽了一阵子，沉默许久……

最后，他步履踉跄地离开了咨询室。

两周之后，我收到他的电话。他的声音嘶哑而哽咽："王教授，我离婚了……"

我宽慰他说："没关系，有我呢。你心情不好的话，可以过来跟我聊一聊，帮你与自己和解，与身边人和解……"

四

看了这个故事，有人会想，咨询了半天，夫妻双方还是分手了，这不是失败之作吗？

的确有人将经过心理咨询后,婚姻危机的双方最后劳燕分飞,视为心理咨询师的失败,但我认为这是一种偏见。

婚姻质量的高低不是取决于婚姻是否维持,同样婚姻维系的时间长,也不能代表婚姻的双方就必定幸福,有时候,离婚是一种解脱、一个重新开始的契机,是另外一种幸福的降临。

患得患失

> 神经症是指焦虑症、恐惧症、强迫症、疑病症等一类精神疾病的总称。具有神经症性格的人,在一定诱发因素的作用下,极易罹患神经症。性格内向,敏感多疑,缺乏自信,追求完美,在意别人的评价,情感体验深刻,遇事多思多虑等,都是神经症性格的特点。

一

"老兄啊,你一定要救救我啊!我这回真的是走投无路了。"

说这话的是我的朋友韦柏,现年50岁,婚姻平静,孩子乖巧,工作顺心,总之应该没有什么烦心的事情。

最近,他突然火急火燎地找我,一副大难临头的模样。

他说:"完了,我要完蛋了。"然后告诉我,他准备辞职,抛妻弃子,离家出走,逃到一个没人知道的地方隐姓埋名,重新生活。连去的地点、乘车路线还有必要的钱财物品都已经准备好了,等等。

我感到奇怪。坐下来详细一聊,我才知道发生在他身上的事。

二

原来近一年来,他通过交友软件认识了一位叫小雪的女子,这位女子28岁,风姿绰约,容貌姣好,性格貌似温婉,他立刻就喜欢上了,两人越聊越近。随着交流的深入他才知道小雪已经结婚生子，孩子还只有两岁。

小雪告诉他，她的先生平时喜欢结交朋友在外玩，从来不带她一起去，两人夫妻生活也不太正常，她感到很寂寞，想找个人聊聊天，以解心头烦恼。

韦柏心中暗喜，感到机会来了，就顺杆子往上爬，对她百般抚慰，细心呵护，很快就打动了小雪。

他们身处两地，小雪在下面的地级市工作，一次出差途经省会，就和他联系。他喜出望外，抛下工作去迎接、陪同她，他们顺理成章在一起了。

小雪长得漂亮，又很善解人意，对我的朋友温柔体贴。更重要的是，她不要我的朋友为她花一分钱，往来车费、住宿都是她自己掏腰包，吃饭还时常抢着买单。

韦柏觉得捡了个大便宜，凭空得来艳遇，还不用花钱，于是就美滋滋地乐不思蜀，对老婆孩子都淡然了。老婆有所察觉，问及，他总是以工作繁忙为托词。

就这样，韦柏快快乐乐地过了半年多。几乎每个月，小雪都要跟他见两次面。

渐渐地，韦柏发现，小雪对他越来越上心，不仅知道了他的工作单位、职务，还把他的家庭住址、孩子的学校都弄得一清二楚，更可怕的是，她还知道了他妻子的电话和工作单位。而且，只要韦柏不在她身边，她就不断地电话追踪，短信骚扰，令他不胜其烦。

随着他们交往时间的增加，他对小雪的兴趣也渐渐减弱，这般缠人，使他心里萌生退意。

小雪很敏感，发现他的冷淡之后，愈加纠缠不休，并提出要和丈夫离婚，跟他结婚。一旦韦柏表示不乐意时，她就寻死觅活地威胁他，有几次甚至说要到韦柏的单位闹事，来一个鱼死网破。如此这般几个月下来，令我的朋友整天惶恐不安，寝食难安，迅速消瘦、憔悴。

今年春节前，小雪下了"最后通牒"，说要来找他，做最后的了断。惊恐之下，韦柏甚至想到要杀人灭口，但又怕事情暴露身陷囹圄；想一走了之，但又舍不得放弃自己辛辛苦苦打拼的事业和家庭。左思右想，突然想到了我，他觉得我是心理专家，还在省电视台做过情感心理咨询节目多年，调解和解决了无数个情感纠纷和痴情男女的婚恋问题，于是就来找我讨个主意，希望能够起死回生。

三

听了韦柏的经历，我笑得很开心。

我说："凡事都要付出代价的，出来混总是要还的。主动投怀送抱的，除了有利益需求之外，还有就是为情而来。小雪婚姻不和谐，老公对她若即若离，夫妻双方感情冷淡，她很孤独寂寞，就想找个感情的慰藉。这机会让你遇到了，你又会哄人，知道投其所好，而她以为你是一片真心，就把你当成了感情的寄托。"

我继续说："你可倒好，日久生厌，喜新厌旧，本性又出来了。你想甩了她，而这正是她要命的地方，她把你当成了精神上的唯一寄托，未来生活的依靠。她正憧憬着美好未来的时候，你老兄给她当头浇了一盆冷水，让她从美梦中惊醒。想到唯一的希望就要破灭，她又要回到那冰冷的、毫无生气的家中，于是她绝望、崩溃，就会把你当作救命稻草一样，紧紧抓住不放，甚至不惜铤而走险。看在多年老朋友的情分上，我帮你一把。可是丑话讲在前头，如果你今后再不痛改前非，还是这样拈花惹草，伤害无辜的女子，下次你就自作自受吧，我可不会再帮你了。"

韦柏连声称是，点头如捣蒜，紧紧抓着我的手说："老兄啊，只有你能救我了，我知道你神通广大，心理技术超强，救人如救火啊，今后我一定不再干这些缺德的事了。这次也把我害苦了，我都要疯了，赶快救救我吧。"

于是，我详细询问了小雪自幼的生长环境。她父母之间的婚姻关系，父母所从事的职业，父母跟她的亲子关系状态，以及她的性格特点、情绪特征，还有她工作之外的业余爱好。最后还问了她目前的夫妻关系情况等。韦柏把他所知道的，详尽地告诉了我。

我说："'兵来将挡，水来土掩。'她再打电话给你，你一定要接，但是不是马上接，而是等她打第二次电话再接，如果她不打第二次，你就过一会儿再打过去，不要引起她太大的焦虑；她在微信里给你留言，你也不要急着马上回应，过半天以后，再留言回应。她会追问你为什么这样，你就找各种各样的托词来应付她，比如开会、出差等，总之，找出一切你想得到的理由来搪塞她。但是必须注意，你的态度一定要诚恳，口气一定要温和，绝对不要让她感觉到你在讨厌她、冷落她，有分手之意。"

韦柏说："但是我的确在心里已经非常讨厌她了。这样做起来会不会有点勉强，她会不会感觉到呢？"

我说："老兄啊，你平时是怎么装的，现在就怎么装，相信你会得心应手的。"

此后，韦柏遇到问题就打电话或者约我见面，事情正如预期一样，顺利地发展着。就这样平平安安地过了一个多月。

一天，韦柏急惶惶地打电话给我说："不行了！我又得见你了，麻烦又来了。"

我说："好吧，老地方见。"

我们如约来到咖啡厅。

一见面，韦柏就说："老兄啊，你教我的方法很灵，我磨了她一段时间，她渐渐变得不那么急躁了，情绪上也冷静了许多，也不天天打电话纠缠不休了，甚至有时一个星期没有打一个电话，也没有微信留言。我都以为快要摆脱了，正在心中窃喜，谁知昨天她突然打电话来说：'我觉得很奇怪，你为什么一下子就变得这么老练，这么有条不紊？突然间就变得如此沉着、冷静、胸有成竹，好像在跟我斗智斗勇似的。你的身后是不是有高人在指点你？'"

"听了她的话，我吓了一大跳，还以为你老兄跟她说了什么，让她掌握了我们的老底呢！"韦柏心有余悸地说。

我笑道："你也不用脑子想想，有这种可能吗？再说，我又没有她的电话号码，怎么跟她联系？"

他说："是啊，我也是这么想的，"韦柏说，"只是她是不是太神了，怎么会猜得这么准？"

我说："这不奇怪呀，我不是跟你说过吗，她的心理特点就是敏感多疑，观察仔细，体验深刻。你改变策略应对她的纠缠，她发觉了你前后不一的应对方式，尤其是你的沉稳和机智，这就使她忽生疑窦。"

韦柏发愁了。

他问："这怎么办呢？她要是再这样追问，我该怎么说呢？"

我正要说话，韦柏的手机响了。

他拿起手机刚说了几句，突然神情大变，用手捂住话筒十分紧张地对我说："她来了！怎么办？"

我问："谁来了？"

韦柏说："小雪来了，现在就在我办公室的楼下，她说这次一定要见这个幕后的高手。"

我沉吟片刻说："既来之，则安之。你请她到这里来吧，我跟她见个面。"

韦柏挂了电话，惊慌道："那怎么行！一见面这一切不是全都露馅了？她要是再找你的麻烦怎么办？"

我大笑说："我与她往日无怨，近日无仇，她不会找我的麻烦的，再说了，她又能拿我怎么样？"

韦柏六神无主了，慌道："那她要是拼死拼活地跟我闹怎么办？"

我轻松地说："那你就跟她拼个鱼死网破吧。"

韦柏哭丧着脸说："老兄啊，你不能见死不救啊！事到如今，赶紧想个办法呀，别落井下石了。"

我拍拍他的肩膀说："跟你开玩笑呢，别担心，我自有办法，你只管叫她过来就是了。"

四

小雪站在我的面前。她的外表显得文静而纤弱，根本看不出她的内心隐藏着那么强烈的情感和爱憎。

"您好！看来您就是韦柏身后的那位高人了，是吧？"小雪落落大方地向我伸出了手。

我请小雪坐下，说："我是韦柏的好朋友，见你们闹得过火了一点，所以才出手相助，其实也是为你们好。"

"什么叫'闹得过火了一点'？这件事难道韦柏没有责任吗？"小雪

轻言慢语，但说话的口气软中带硬。

我使了个眼色，示意韦柏离开包厢，然后说："小雪，这件事于情于理都是错误的。你们各自都有家庭和孩子还要这样，肯定是不会长久的。既是如此，大家平心静气地坐下来谈一谈，好合好散，彼此还会留一个好印象、一段好回忆，不必这样剑拔弩张。"

小雪低下头，说："您是局外人，说起来当然轻巧。您知道我用心多重，用情多深吗？您知道我流了多少眼泪吗？这段感情对我很重要，我绝对不会放弃的。"

"你知道你为什么会对感情这样锲而不舍吗？"我问。

"那是因为我的感情很专一，一旦爱上，就不会轻言放弃，这正是我太傻的地方。"小雪说。

"你说错了！"我说，"你跟韦柏说了很多自己的过往。你父母的感情很不好，在你还很小的时候，他们经常吵架，有时候还会大打出手。你那时只有三四岁，你很慌张，非常害怕。你常常爬到床底下躲起来，把自己蜷缩成很小、很小，在黑暗中瑟瑟发抖。你家里的气氛总是很紧张，只要父母在家，你就会提心吊胆，担心他们随时吵架、摔东西，你就会不停地察言观色，整天生活在恐惧中……"

小雪听着听着，就开始流泪，低声抽泣。

我继续说："你从小就极度缺乏安全感，有严重的分离焦虑。第一次上幼儿园时，你哭得死去活来，生怕妈妈离开后就不会再来接你。在幼儿园里，你也很不快乐，整天担心老师责骂你，担心小朋友欺负你。你自闭、孤独。长大以后，你十分没有自信，非常在意别人的评价，凡事追求完美，尽量让自己变得乖巧、讨人喜欢、不惹是非，大家都夸你懂事，其实你内心很痛苦，觉得自己每天都是为别人活着，活得很累、很辛苦。"

小雪擦着眼泪说:"您说的这些都是事实,但是,这些与我和韦柏的事有关系吗?"

"当然有关系。"我说,"你父母的不良婚姻状况对你的影响刻骨铭心,使你对婚姻产生了畏惧和不信任。当进入谈婚论嫁的年龄之后,你迟迟不敢谈恋爱,你的丈夫是一个性格开朗又外向的男人,他喜欢你的美貌和温婉,在苦苦追求你两年之后,你们终于喜结连理。不久你们又有了孩子,你丈夫以为,从此就开启了幸福之门,可是他错了。结了婚,特别是有了孩子之后,你对他开始不放心起来。你先生性格外向,喜欢交际,外面朋友很多,所以他会经常出去应酬。而你偏偏很不喜欢社交,除了工作、孩子之外,就整天泡在韩国电视剧里,几乎不问门外之事。你不愿意跟先生出去玩,但是又担心他出去玩多了会有外遇,于是你就开始查看他的手机通话和微信聊天记录,略有猜疑就会吵架。渐渐地你们开始不停地争吵和彼此伤害,几乎重复了你父母那样的婚姻关系,你的先生也渐渐地疏远和冷淡你……"

五

听着听着,小雪很惊讶地问:"您怎么什么都知道?有许多事我并没有跟韦柏说呀?"

我笑了笑说:"你不要忘记,心理医生会缜密分析和精确推理。"

我继续说:"你和丈夫的婚姻出现了危机,你对他愈来愈失望,你的感情很空虚,心境就像回到了小时候,孤单、寂寞、无助。于是你开始在网上寻找感情的寄托,正好遇到了韦柏。"

小雪说:"我曾经真的想放弃婚姻,跟韦柏重新开始,但是,他的无情无义令我很心寒，我不甘心就这样被他玩弄后随便抛弃。"

我说："你的丈夫对你冷若冰霜，你的情人又对你无情无义，如果你还有第三段、第四段感情的话，会是同样的结果。"

小雪犹豫了一下，说："我也怀疑会是这样。是不是我不适合婚姻啊？像我这样的人是不是最好独身一辈子呢？"

我说："你不仅不适合婚姻，你连正常的家庭生活都不能适应。因为你有比较严重的心理问题。"

"您说我有心理问题？"小雪很吃惊，"我怎么会有心理问题呢？在单位，大家都喜欢我，都夸我善解人意。"

"那是你努力压抑自己，讨好他人的结果，是一种假象。"我说，"你幼年时的生活环境决定了你的性格基调——神经症性格。神经症是指焦虑症、恐惧症、强迫症、疑病症等一类精神疾病的总称。具有神经症性格的人，在一定的诱发因素的作用下，极易罹患神经症。你性格内向、敏感多疑，缺乏自信，追求完美，在意别人的评价，情感体验深刻，遇事多思多虑等，这些都是神经症性格的特点。你的婚姻发生问题的真正原因来自你自己本身而不是他人，如果你自身不进行调整和治疗，你跟任何人结婚，都不会有好结果。"

小雪愣住了，脸上露出了悲戚的表情，又开始流泪。

她说："我知道，都是我不好，我天生就是别人的累赘和祸害。我不怪别人，都怪自己不好，我真的活得很累、很累……"

我说："要改变这一切并不难，关键要看你的决心和毅力。我可以帮助你走出这个困境，前提是你自愿接受我的帮助。接受我的帮助，不仅仅是为了你自己，更重要的是为了你的孩子。你知道吗？你父母的不幸婚姻，已经影响了你的婚姻和情感，给你带来了很多不幸，难道你希望你的孩子也像你一样不幸吗?"

小雪再次愣住了,她被我的话深深地震动了,陷入了沉思……

六

当我把小雪送出包厢的时候,她轻松而平静。

韦柏坐在离咖啡厅大门旁不远的沙发上,一见我们出来,他顿时跳起来,忐忑不安地斜眼偷看小雪的表情。

小雪旁若无人地从他身边走过,推开门,消失在茫茫人海里……

怀才不遇

> 一个人能否成功，需要兼备高情商与高智商。它们的关系是：情商与智商都高——如虎添翼；情商高智商中等——游刃有余；情商与智商都是中等——相得益彰；情商低智商高——怀才不遇。智商只能在某个特定时候或特定条件下，决定少数人的一生，而情商则在更多的时候对绝大多数人的一生起到关键性和标志性的作用。

一

一天傍晚，我刚从电视台做完节目出来，就收到本省一家大报的记者刘芳打来的电话。

她谈到最近全国媒体都在热炒本市"北大才子捡垃圾"的事件。她说，有心理专家认为，这位名叫张建民的"北大才子"是一个人格障碍患者，其社会功能受损，所以不能工作，只能捡垃圾；有社会学家指出他是"啃老族"，在社会上的自我生存能力很差，离开母亲，就只好去捡垃圾了；有心理学教授怀疑张建民是"由于感情、事业受挫，患上了一种心理封闭症"；还有精神病专家从张建民症状的表现分析，认为他患了精神分裂症；有企业界人士认为：十多年里，张建民一直将自己当成一个拔尖者或"精英"，他的思维和行为时时刻刻、紧紧地与名校捆绑在一起，为名所累，不堪重负，直至把自己拖入死胡同，等等。

刘芳希望我能与张建民谈谈，再根据他的表现，给他一个准确、科学的评判。

我说:"我出面是没有问题的,关键是张建民是否愿意接受心理访谈?还有,他的亲人和朋友对此事的看法也很重要,也需要他们的支持和配合才行。"

刘芳说:"放心吧,这些事情,我来安排。"

二

第二天,我在办公室接待了一位40多岁的男人。他自我介绍姓许,是"北大才子"张建民的邻居。

他说张建民跟他的关系很好,平日他见张建民可怜,经常帮助、接济张建民,但张建民很傲气,从不接受除他之外任何人的帮助。他在报纸上看到我对心理相关问题的分析,觉得很有道理,于是就找来了。

我说:"刚好我跟报社约好对张建民进行一次采访及心理访谈,你也一起参加吧。"

第三天上午,我们一行人:我、记者刘芳、张建民的高三同学李先生、张建民的邻居老许等,在张建民所居住的烟酒糖果公司宿舍区大门前集合。由老许带领着,一行人来到一栋陈旧破损的宿舍楼下。

老许指了指四楼的阳台说:"他就住在那里。"我看见阳台上有一个影子闪了一下就不见了。

我们敲开了"北大才子"的家。

这是在四楼的一套三室一厅的房屋,因主人没钱交电费,大白天点着两支蜡烛,室内显得昏暗而充满了蜡烛燃烧后的油烟味。张建民家里不像人们想象中的"疯子"的家那样杂乱无章,客厅里空空荡荡,除一台18英寸老彩电、一个旧电视柜、一个圆桌、几把椅子外,几乎没有什么家具。

我注意到这位"北大才子"还是比较讲卫生的，客厅里的这几样旧家具被擦得很干净。我还特意用手拭了一下电视机的屏幕，居然没有灰尘。

张建民的居室摆设也比较整洁，一个闲置的餐桌上堆满了书，不仅有地质方面的专业书籍，还有《中国皇家文化汇典》《政治经济学》等许多社会科学方面的书籍。书桌上放着厚厚的一大摞全英文版的《中国日报》，还有邓小平的著作，但没有现代人必备的电脑。

三

张建民，现年39岁，身高约1.73米，体型偏瘦，相貌很普通，戴一副旧式的宽边眼镜，脸色有点发青，头发蓬松，胡须倒刮得挺干净，看上去精神还不错。他上穿一件旧T恤，下着一条黄褐色的沙滩裤，双脚趿着一双塑料拖鞋，看得出来他在尽量保持着个人和室内的整洁，也许想给造访者留下一个好的印象。

20多年前，他由本市的一所重点高中考入北京大学，本科毕业后又考上了北京大学的硕士研究生，但不知是什么原因，他没有完成研究生学业。

后来，张建民在一家总部设在北京的中美合资企业里找到了一份工作。据他自己说，由于他在工作上的出色表现，深得公司高层赏识。27岁的张建民便被破格提拔为该公司中层干部，月薪达8000多元，这在当时是令人羡慕的高薪阶层。

事业春风得意，他迎来了双喜临门：爱情悄然而至。

一位美丽的北京姑娘闯进了"北大才子"的生活，她的美貌和柔情令张建民怦然心动。在相恋的两年时间里，无论在物质上，还是在感情上，张建民都付出了较大的代价。他曾几次带着女朋友回家拜见母亲，俩人甚至约定了婚期。

就在俩人谈婚论嫁准备筹办婚礼时，北京姑娘突然告诉他："我们俩不合适，分手吧。"

一场猝不及防的"情变"让张建民精疲力竭。他说：他到死也不明白，女朋友为什么这样绝情？况且他们之间一向和睦，很少争吵和红脸。

突如其来的情感飓风将"北大才子"击倒。他三天不吃不喝，蒙头大睡。他哥哥打电话来安慰他。他说："我一个高智商的研究生，一个外企的白领，没想到竟然被一个女人给玩了！"

后来他听说北京姑娘嫁给了一个既没有硕士文凭，又不是很有钱的男人，于是他更加想不通了，他不明白自己为什么失败，他觉得自尊心受到了极大的损害。

从那以后，对工作充满了热情的张建民变得郁郁寡欢，一蹶不振。

公司领导曾提醒过他："不要将失恋情绪带进办公室。"但张建民已经很难再打起精神。于是，公司毫不客气地炒了他的鱿鱼。

失恋加失业，雪上加霜。那段日子，张建民什么也不想干，整天失魂落魄地在北京街头游荡。

一年以后，所有的积蓄花完了，张建民无法继续留在北京生活，只得回到母亲的身边。

哥哥见他闲在家中，整日情绪低落，足不出户，便一边安慰他，一边帮他四处联系工作。近一年的时间，哥哥先后替他找了4份工作，但

"北大才子"不是嫌工资低,就是嫌公司太小,或者嫌是个民营企业,或是抱怨上班路途太远,均一一回绝了。

哥哥看不惯弟弟的心高气傲、东挑西拣,只好离得远远的,眼不见心不烦,再懒得管这个"才子弟弟"了。

没有人知道张建民在家里"待岗"的两年时间里在想什么、做什么。在他所住的小区里,他从不与人来往。

两年后,张建民不辞而别,重新返回北京。

人们猜测他可能是想"从哪里跌倒再从哪里爬起来",抑或认为"北京才是精英之地"。

但此时的首都对于"落难才子"已变得陌生。张建民在京求职处处碰壁,尽管他谈吐不凡,但衣着褴褛不堪,让人唯恐避之不及。

张建民这次进京求职,四处受挫。开始他白天找工作,晚上就露宿在北大校园里。后来就在北京街头过着流浪的生活,最后被当成"上访人员"收容,遣返原籍,又回到了位于市烟酒糖果公司宿舍区的家中。

张建民回到家中,又过起了足不出户的日子。

母亲劝他不要分贵贱,先找份工作做着再说。"整天闲在家里,好人也会闷出病来的。"母亲苦口婆心地劝导他。张建民好像根本就没有听见,仍然我行我素。

母亲硬拉着他去市人才交流中心找工作。他在人才市场里转了转,说:"这些招工的人都太弱智。"说罢,转身就走,母亲拖都拖不住。

日子就这样一天天地过去,母亲见身强力壮的儿子整天待在家中无所事事,心里非常焦急,于是忍不住说他两句,张建民还对母亲大声呵斥。

经过几年的"磨擦",母亲感觉儿子"不像正常人",怀疑他有病,催他去看病。

"你才有病呢！"张建民对母亲将自己当成"病人"非常愤怒。

母亲只好背着儿子去精神病医院代他看病，悄悄开些药回家，按医嘱，偷偷地放在凉茶里给儿子吃。

张建民吃了药之后头晕目眩，嗜睡又呕吐，全身软绵绵的。他追问母亲得知真相之后，母子矛盾进一步升级，家里从此不得安宁。

更令母亲无法忍受的是，张建民每晚看电视到次日凌晨一两点。有时看着看着，还对电视播出的内容进行大声评论，吵得母亲昼夜不宁。久而久之，她感到头晕、失眠，非常痛苦。

因忍受不了儿子的折磨，60多岁的母亲一气之下搬到养老院去住。她千叮万嘱熟人不要将自己的养老院地址告诉儿子。"我已经受够了！惹不起我躲得起。"母亲叹道。

母亲离开后，张建民的生活顿时没了着落。

原来母子两人，依靠母亲一人微薄的退休金还能勉强度日，至少三餐粗茶淡饭还是无忧的。母亲一走，张建民彻底断了炊。

当他把家里残存的食物吃得干干净净，又饿了两天之后，终于，他衣衫褴褛、蓬头垢面地出现在街上，加入了提着蛇皮袋四处拾垃圾的行列。

张建民虽然从"北大才子"沦落到街头捡垃圾一族，但是他行走在大街上仍不失"才子风度"。他昂首挺胸，遇到看上去貌似有学问的人，便主动上前搭讪，并与人"纵论天下事"。

更令人讶异的是，张建民对外国游客异常热情，在街头只要遇到老外，便上前用流利的英语与之交谈，还自告奋勇担当起义务导游，带领着老外住宾馆，进商场购物，以至于本市许多五星级宾馆和大商场的服务员都认识了这位"穿着屁股破个洞的牛仔裤的特别导游"。

四

"请坐,请随便坐吧!"张建民热情地跟我们打招呼,一边上下不停地打量着我们一行人。

当老许一一向张建民介绍我们一行人的身份时,他的目光在我的脸上停留了一会儿。

他说:"我早就知道您的大名了,电视上、网上、报纸上到处都有您的大名,不过我可没有心理毛病,您看我像个有病的人吗?"

我说:"你也上网?没见你家里有电脑呀?"

他说:"贫困潦倒啊,原来的笔记本电脑和台式电脑都卖掉了,现在我哪里还买得起电脑?我有时去网吧玩玩。"说着,他话题一转,对我发起问来。"您是哪个大学毕业的?"

我微微一笑,没有回答。

刘芳说:"王教授是××大学心理学硕士研究生毕业,还在国外留学获得精神卫生硕士学位,现在是心理学教授、博士生导师,我国著名的行为医学专家,国际应用心理学研究会理事。"

张建民点点头说:"还不错……"

老许有些急了,连忙说:"什么叫'还不错'啊?人家王教授现在是赫赫有名,你这个人!"

张建民打断他的话,说:"你懂什么,没文化!我又没有说他不行。"说着,他又问刘芳:"你是哪个大学毕业的?"

刘芳说了一个本省大学的名字。

张建民唇角撇起一丝鄙夷,用英语说:"All the university at native province is not worth mention.(本省的大学全都不值一提。)"

刘芳听懂了，脸上红了一下。

张建民又说："Are you just graduated from college？ Why you look so old fashioned？（你刚毕业不久吧？怎么这么显老气？）"

刘芳听了脸色绯红，显得很不好意思。

我说："Can you please stop bullying the little girl？（你不要欺负小姑娘好吗？）"

张建民看了我一眼，连声说："Sorry! Sorry!"

老许有些蒙，说："你们在说什么呀？"

我笑道："张建民说，今天中午请我们大家吃饭呢！"

老许唠叨道："开什么玩笑啊，他每天就吃两把面条，连电费都交不起，有客人来时，他才点蜡烛。我给他钱，他也不要。我劝他在给老外当导游或者引路时，适当收点小费，他不肯，还说什么'不能让外国人看低了中国人'，等等。我叫他出去闯，到深圳那样的国际大都市去找工作，一定会有用武之地。他还瞧不起深圳，说'那是文化沙漠'。唉，我是说服不了他。王教授，请您好好开导开导他，要不然他就没救了！"

张建民有点尴尬，说："你总是这么啰唆，古人不为五斗米折腰，孔子就经常饿肚子，人越饿越清醒，越饱越昏庸，你看那些饿狗，个个都很精神，很威猛，撕咬起来凶狠狠的，不要命！而那些家养的宠物犬，就全都是昏昏然的废物了。"

我说："哦，见了你我才知道，原来你是条凶狠狠的饿狗。"

大家一阵哄笑。

一直没有说话的张建民高三同学李先生，这时也笑着说："张建民在高中时，因为特别能吃，大家给他一个绰号叫'饭桶'。我刚才还在疑惑呢，他现在每天只吃两把面条就能过日子，而且还这么有精神，真是成了神仙了！"

张建民摇摇头，无奈地说："你们现在尽可以嘲笑我，凤凰脱毛不如鸡，有朝一日毛复起，凤还是凤，鸡还是鸡，我是绝不会为五斗米折腰的。"

我说："大家都知道你是只凤凰，可是，你现在落难了，就应该接受别人的好心帮助，听从别人的好建议才是。'一个好汉三个帮'，人类社会就是一个相互帮助、相互依存的社会。你现在的处境，生存最重要，先吃饱饭、穿暖衣再说其他的事。这不是为五斗米折不折腰的问题。

"陶渊明是东晋后期的大诗人、文学家，他的曾祖父陶侃是赫赫有名的东晋大司马、开国功臣；祖父陶茂、父亲陶逸都当过太守。但到了东晋末期，朝政日益腐败，官场黑暗。陶渊明生性淡泊名利，在家境贫困、入不敷出的情况下仍然坚持读书吟诗。他陆续做过一些官职，但由于淡泊功名，为官清正，不愿与腐败官场同流合污，而过着时隐时仕的生活。

"陶渊明最后一次当官，是义熙元年（405年）。那一年，已过'不惑之年'的陶渊明在朋友的劝说下，再次出任彭泽县令。到任81天，碰到浔阳郡派遣督邮来检查公务。浔阳郡的督邮刘云，以凶狠贪婪远近闻名，每年两次以巡视为名向辖县索要贿赂，每次都是满载而归。县吏说：'当束带迎之。'就是应当穿戴整齐、备好礼品、恭恭敬敬地去迎接督邮。陶渊明叹道：'我岂能为五斗米向乡里小儿折腰。'说完，挂冠而去，辞职归乡。此后，他一面读书为文，一面躬耕陇亩。但是他自给自足，尚可维持小康之家的生活，过着'采菊东篱下，悠然见南山'的悠闲日子，可是你张建民能吗？"

我继续说："孔子是我国春秋时期著名的大思想家、大教育家，他终身游学，居无定处。有一次孔子慌乱中带着弟子们贸然进入陈国，适逢其乱，被人家赶出，又赶忙往蔡国走，恰逢蔡国发生政治危机，人家在边境陈兵，拒绝孔子入境。害得孔子与学生进退无路，弟子们被饿了七天，个个面黄肌瘦，有的弟子，心中因此而忧虑。但此时，孔夫子依然每天不断地学习，弦歌不绝，没有丝毫的埋怨与担忧。

"子贡见同学们如此饥饿困顿，便用自己身上的财物，突破重围，到外面换了少许的米回来，希望给大家解解饥。人多米少，颜回与子路便找了一口大锅，在一间破屋子里，为大家煮稀粥食用，这才免了集体饿毙之灾。试想，这不是集体的力量吗？

"孔子平生有弟子三千，七十二贤人，平常时，大家在一起高谈阔论，妙语连珠，真知灼见就源源不绝地喷涌而出。如果孔子不博采众长，想必也成不了大思想家，一部《论语》，集孔子的政治主张、伦理思想、道德观念及教育原则之大成，这部精辟绝伦的巨著，不就是弟子们及其再传弟子在老夫子身后的集体智慧吗？

"而你是如何呢？你是孤家寡人一个，不但与四邻八舍老死不相往来，还置身于整个社会之外，死要面子，硬撑着架子，宁愿饿死也不愿弯腰。你觉得你与陶渊明和孔子有可比性吗？大将韩信都要忍得胯下之辱，很多名人也都有三起三落的时候，你张建民算什么东西！你死硬挺着干什么？"

五

一言既出，举座皆惊，大家听了我的话，都看着张建民，以为他这回可要大发一通脾气了。

没想到他沉吟了一会儿，慢悠悠地说："平日，我从来容不得别人说三道四的，更不用说随便训斥了，不过王教授您说的真是很有道理，我就是一个死要面子的人。我平生没有佩服过任何人，您王教授，可以算得上第一个让我佩服的人吧。不过我倒要问问，您也有过贫困、窘迫的时候吗？如果有的话，您是怎么对待的？"

我说："我是20世纪60年代出生的，'文化大革命'后期时我还很小，父母被下放到'五七'干校去劳动改造，我在街道上帮人锤石子挣点钱，买个馒头填肚子。因为年幼体弱，做不好，还经常被人呵斥、责骂。后来年纪稍大一点，我做过剧场看门人，扫过大街，当过电影院的跑片工人，等等。这些算不算贫困、窘迫的日子？"

老许说："古话说得好'吃得苦中苦，方为人上人'啊。"

我又说："庄子说：南方有一种鸟叫鹓鶵，这鸟从南海飞到北海的时候，在这遥远的路上，没有梧桐树它不栖息，没有竹米它不进食，没有甘泉它不饮用，就这样不停地飞呀、飞呀，直到累死、饿死、渴死。它那样高傲，至死也要保持高贵不凡的气节。张建民啊，我怎么越看越觉得你像鹓鶵啊？"

张建民不好意思地说："我哪里像鹓鶵，我只是一只乌鸦而已。"

我说："乌鸦是食腐肉的动物，它的生存能力和适应环境的能力特别强，无论多么肮脏、腐臭的食物，它都能吃。哪里有垃圾和动物尸体，哪里就有乌鸦。而且最近有科研结果表明，乌鸦的智力远远超过狗、猴子一类人类认为比较聪明的哺乳动物，它们的智力跟猩猩接近，且制造工具的能力，甚至超过猩猩。你说你是只乌鸦，我看，你的智力像乌鸦那样聪明，但你的行为可不像乌鸦。"

张建民苦笑了一下，说："有些人说我有神经病，连我母亲都说我有病，可是我坚决不承认这一点。王教授，您看我有神经病吗？"

我说："大家通常说的神经病，就是指精神分裂症，这种病的患者常见的症状就是幻觉、妄想和思维障碍，情感上也异于常人。在没有见到你之前，我就说你不是精神病患者，今天见了你之后，就更加明确这一判断了。"

六

老许问："那他到底是什么问题呢？"

我说："他是情商出了问题。1991年耶鲁大学心理学家彼得·塞拉维和新罕布什尔大学的琼·梅耶首创EQ——情商。1995年《纽约时报》专栏作家丹尼尔·戈尔曼出版《情绪智力》一书，将情商推向高潮。EQ在美国掀起轩然大波，并风靡全世界，情商概念的提出是人类智能的第二次革命。

"情商是指人对自己的情感、情绪的控制管理能力和在社会人际关系中的交往、调节能力。这是一个人重要的生存能力，是一种发掘情感潜能、运用情感能力影响生活各个层面和人生未来的关键的品质因素。一个人在社会上要获得成功，起主要作用的不是智力（IQ）因素，而是情商（EQ）因素，前者占20%，后者占80%。

"智商和情商的关系是：智商是直接现象，情商是内在调控机制，智商往往通过情商的作用来提高和展现，情商对智商活动起动力、定型与习惯、补偿的作用。智商和情商是相辅相成、不可分割的。智商只能在某个特定时候或特定条件下，决定少数人的一生，而情商则在更多的时候对绝大多数人的一生起到关键性和标志性的作用。衡量一个人的成功与否，情商与智商的关系是：情商与智商都高——如虎添翼；情商高智商中等——游刃有余；情商与智商都是中等——相得益彰；情商低智商高——怀才不遇。

"张建民属于最后一种，情商低智商高——怀才不遇的这种人。刚才我们一进来，他就逐一进行'学历审问'，对女孩子也不客气，还说人家长得老气，又说自己的老同学没文化，抢白老许，等等。这样的态度跟人交往，谁愿意理他？"

老许忍不住插话说："他今天的表现就算很不错了。今天是王教授镇住了他，他才谦虚一点，往日的话，三句话就得把别人给气跑了！也只有我能够受得了他。"

我说："简单地说，情商的内容包括：1. 准确认识、评价、表达自身情绪的能力；2. 有效地自我调节、管理情绪的能力；3. 自我激励的能力；4. 认知他人情绪的能力；5. 将人际关系的管理和情绪体验运用于驱动、计划、追求成功等动机和意志过程的能力——简言之，就是搞好人际关系，追求自我实现的能力。"

张建民说："按照王教授所说的情商的标准来衡量，我的情商的确很低。过去我也知道，我跟大家在一起待的时间稍一长，大家就会讨厌我，有人说我是不会讲话，不会讨好人，是性格问题，现在看起来是情商问题了。"

我说："你的女朋友之所以离开你，我看主要也是你的情商问题。"

"那么，怎么样才能提高自己的情商呢？我还有办法改变吗？"张建民问。

"当然有办法改变。"我说，"在智商的形成中，先天条件占决定性因素，而情商则主要是后天形成的。所以，只要你愿意，完全可以调整好，重建自己的社会适应和人际交往能力。"

"您可要好好帮帮他，王教授。"老许拉着我的手说，"他的父亲过世得早，母亲和哥哥又不理他了，他也挺可怜的。"

我笑道："这个自然没有问题，我说过，只要他愿意，一切都是可以改变的。"

邪恶的作品

> 家长强烈的控制欲会极大损害孩子人格的塑造，会给孩子带来两种极端的伤害：一种就是造就像吴谢宇这样的有人格问题的孩子；另一种就是产生以自怨自艾为代表症状的，把矛头对向自己的抑郁症和各种各样的神经症的孩子。

2021年8月26日上午，福建省福州市中级人民法院依法对被告人吴谢宇故意杀人、诈骗、买卖身份证件案进行一审公开宣判。以被告人吴谢宇犯故意杀人罪、诈骗罪、买卖身份证件罪，数罪并罚，决定执行死刑，剥夺政治权利终身，并处罚金人民币十万三千元。

2023年5月30日，福建省高级人民法院对吴谢宇的故意杀人、诈骗、买卖身份证件上诉一案二审公开宣判，裁定驳回上诉，维持原判。对吴谢宇的死刑裁定依法报请最高人民法院核准。

落网

几年前，当北大才子吴谢宇成为通缉犯后，所有人都惊呆了。因为吴谢宇从小就是个"懂事完美"的孩子。

吴谢宇的懂事完美，从小就表现出了不同于一般孩子的强大自律性。他放学后，很少与周围孩子玩闹，而是立刻回家做作业。有人至今还记得，多年前去吴家串门，童年的吴谢宇就坐在客厅的桌子前专注地练习着毛笔字，见到邻居来访，礼貌地起身打一声招呼，随后旋即坐下，毫不分心。

老师都称他为天才，很难的内容他看一遍就会了。

高中老师评论，如果非说他有什么缺点，那就是他完全没有缺点。

可就是这样一个成绩优异的完美天才学霸，却犯下如此可怕的罪行。

这样一个懂事的孩子，为什么要杀害母亲？

我们的情感和情商发展一般遵循这样一个规律：先建立起"自我价值"和"自我意识"，充分体验和拥有了高自尊和安全感之后，才会由己及人，以同理心关注到身边其他人的感受、情绪和需要。这是一个由内而外自然呈现的过程，而不是父母用说教和要求灌输而成的。

家长如果不了解这一成长规律，或者没有创造出良好的成长环境让孩子自然发展这一品质，却一味急于让他们变得听话懂事、善解人意，就会适得其反。孩子看上去或许非常体贴孝顺，甚至情商很高，但他们的内心却有所欠缺。如果父母存在人格缺陷，或者其本身就是人格障碍患者的话，那么孩子将来的人格发展，极有可能是畸形的。在遗传和后天病态教育的双重作用下，孩子很可能成为人格缺陷者或人格障碍患者。

2019年4月21日，轰动全国的北大才子弑母案嫌疑人吴谢宇终于被抓获。就在这天的头条新闻中，警方公布了案件的初审结果：吴谢宇并不否认杀母，但回避作案动机、犯案经过等核心问题。只有在涉及知识性话题时，才做积极表达。

在所有人的眼里，吴谢宇是一个完美无缺的"好学生""好同学""好孩子"，完美得"像神一样的人"。

在同学、朋友与老师回忆中，吴谢宇是一个成绩异常优异，有着清晰人生规划的瘦高个男生。他热爱运动，被称为篮球界的"篮板大师"；

他热心帮助同学，开朗而自律。

高中时，与吴谢宇住同一层楼的同学记得，每次在楼梯间相遇，吴谢宇都会主动打招呼：抬手示意，或搂搂肩膀。有一个同学说，高中毕业后，两人去了不同城市读大学，但每逢生日，吴谢宇都会发送祝福。"哇，被大神惦记着的感觉真好！"他说。

大学同学李赫（化名）记得，每一次见面，吴谢宇都会热情打招呼。"'嗨，李赫！'他上前拍拍肩，声音很大，笑得爽朗。这是吴谢宇特别的招呼方式。"

李赫回忆，有次洗澡他忘拿钥匙，回宿舍时房门被锁。他向旁边宿舍的吴谢宇求助。吴谢宇不仅递来自己的外套，还跑楼下找宿管借钥匙。"当时宿管不在，他还等了很久。他对朋友耐心、热情。"

在北大读书期间，吴谢宇作息规律：每天晚上 11 点左右睡觉，早上七八点起床学习。"他喜欢坐在教室的第一排，课上踊跃发言，也常和老师交流。吴谢宇从未和同学闹过矛盾。"李赫说。

在 7 年挚友王华东眼里，吴谢宇和母亲的感情不错。

大学期间，王华东到北京找吴谢宇玩，见他仍然坚持每晚和母亲通话的习惯。"每次通话 5 到 20 分钟，主要聊当天的饮食、活动和学习情况。"

如果仔细翻看吴谢宇的人人网主页，隐藏在大量学习资料中，为数不多情感外露的时刻，依然与母亲有关：一条祈愿母亲长寿的消息。

吴谢宇消失后，王华东曾多次尝试联系他。"我打电话，都没人接。1 月份没人接，2 月份，我又打了几次，也没人接。最后两次提示关机。"2016 年 2 月开始，王华东得知其他同学也无法与吴谢宇取得联系，这让他非常着急。他还发了一条朋友圈：过去的半个月，真的很难过。

他说:"二十年来切身感受到的最大变故。"

弑母

2015年7月,"小宇(吴谢宇的小名)要回家了",对于母亲谢天琴来说,7月,是期待已久的日子。

2015年6月,谢天琴回到老家福建莆田仙游县,她和至亲谢瑶(化名)提到儿子吴谢宇时,说:"小宇7月1日就要放假回家了。"

7月5日,谢天琴给谢瑶打电话。"她很高兴,说小宇已经放假回家了。过几天带他回老家看望外婆。"谢瑶说。

一位邻居回忆,7月初的一天上午,她在楼道碰到谢天琴母子,吴谢宇主动大声打招呼"阿姨好"。"母子俩当时都挺高兴,谢老师还说小宇瘦了,发愁该做些什么好吃的补身体。"

其实,这时谢天琴丝毫没有觉察到,距离自己的死期已经不远了。这位失去丈夫,深爱着唯一亲人、独生子的母亲,并不知道,自己身边这个温良有礼,亲热孝顺的儿子,已经做好了严密周全、万无一失的准备,要把自己秘密杀害。

2015年6月底,吴谢宇还没有回家前,就已经通过网络购买了刀具、防水布、塑料布、隔离服等,其中仅刀具就购买了菜刀、手术刀、雕刻刀及多种锯条。7月12日到23日,即案发后,他又数十次购买活性炭、塑料膜、壁纸、真空压缩袋等。

7月10日下午,谢天琴去学校参加闭学仪式,吴谢宇去"柴火间(储藏室)"把提前购买的"工具"拿回家,摆在了房间里。下午17时许,吴谢宇在谢天琴转身换鞋之际,用哑铃砸向了她的后脑。母亲倒地之后，正好面对着吴谢宇，他害怕母亲知道这件事是他做的，慌乱之下，他继续拿着哑铃朝母亲的头部用力砸了七八下。

因为不敢去看谢天琴的眼睛，吴谢宇就用提前购买的透明胶将她的头部捆了起来，以此遮挡她的目光。根据现场勘查笔录，吴谢宇还在谢天琴面部放了一个锅盖。他还买了三个摄像头以及一个红外报警器，三个摄像头分别装在他卧室、母亲卧室和入户门口。

之前有媒体报道称，吴谢宇将母亲遗体层层包裹起来制作成"木乃伊"。但根据审讯笔录及一审判决书，吴谢宇没有包裹遗体，而是将遗体移至他自己卧室的床上后，在遗体上覆盖床单、被套、衣服、塑料膜等物，共计75层。覆盖物中间还放了活性炭包、冰箱除味剂、除湿剂等，防止遗体腐败。

杀害母亲的当晚，吴谢宇入住了离家约两公里的一家酒店。之后，他晚上入住酒店，白天则返回家中清理现场，一共持续了二十多天。

案发后，吴谢宇表现出异于常人的平静。

7月，吴谢宇乘火车离开福州。

10月，吴谢宇的身份证登记信息出现在福州某酒店。之后的四个月，又杳无音信。

吴谢宇的一位挚友回忆，10月7日是吴谢宇的生日，他们还曾电话联系过。在电话里，他们聊了即将毕业的生活。吴谢宇说，他毕业后打算出国，语气中听不出任何异常。

"去美国"

2015年，7月中旬，谢天琴的亲戚们陆续收到吴谢宇发来的短信。

短信大意为：大四学年，他要去美国麻省理工学院做交换生，母亲将一同前往陪读，两人将乘坐7月25日的飞机去美国。随后，亲戚、朋友们又收到谢天琴手机号码发出的、以本人语气编写的信息：出国需要借钱，希望亲戚们把钱打到自己的银行卡上。

据警方消息称，这期间，吴谢宇通过手机短信、QQ等方式，向多位亲戚朋友借钱，借款总额达144万元。

7月底，就是吴谢宇杀害母亲之后，母亲学校老师还在校园内见到吴谢宇，他若无其事地和这些邻居打招呼，说要去美国读书。"他说回来办点事，妈妈在北京。"

去美国，一直是吴谢宇的梦想。早在高中时，吴谢宇便向挚友说过，要去美国读经济，之后，做学术研究。

一切也都朝着这个方向发展：大学后，吴谢宇的网络痕迹，几乎全部与表彰有关。大一学年，吴谢宇获得北京大学"三好学生"荣誉称号；大二学年，获得北京大学廖凯原奖学金。

他通过校外英语培训机构学习GRE，考试获得极高分数，至今还能查阅到吴谢宇分享GRE考试经验的相关文章。"他这个成绩，全球排名前5%。"上述英语培训机构工作人员回忆，吴谢宇非常聪明，一点就通，学习很有计划性。

媒体报道显示，8月，吴谢宇复印了母亲的日记，并剪下其中一些字，伪造了一封辞职信，向福州教育学院第二附属中学提出辞职。

10月，谢天琴所在年级的年级主任还收到一封从上海寄出的辞职表格。

"表格有两页，第一页的字迹有明显的模仿痕迹；第二页上有签名，一看就不是谢天琴本人的字。"谢天琴的至亲谢瑶说。

但是辞职被批准，所有人都相信谢天琴陪儿子去了美国。一位老师回忆，9月份开学后，校领导在一次全体教师大会上提到谢天琴去了美国陪读。

"谢老师终于熬出头，跟着儿子去国外风光了。"一些老邻居感慨。

案发

2016年2月，"舅舅，接我们回家过年"。吴谢宇再次和亲戚取得联系，是在2月5日前后。2月8日，是春节。

2月5日前后，吴谢宇的舅舅接到吴谢宇发来的短信，说他和母亲要从美国波士顿回来，将于2月6日到达福建莆田高铁站，希望舅舅接母子俩回家过年。

根据警方事后获取的监控显示，2月4日深夜，吴谢宇仍在国内，他在一台ATM机上取过钱。

按照约定好的时间，谢天琴的家人赶到莆田站。当然，他们没有等到谢天琴和吴谢宇。

亲戚给他们发短信，没有回复；拨打两人手机，关机。

亲戚猜测他们回到了福州的家。当晚十点多，他们赶到谢天琴位于福州的家里，敲门，没人。谢瑶开始怀疑谢天琴出事了，她说自己"直觉强烈"。亲戚们连夜到附近的茶园派出所报案。警方分析，谢天琴和吴谢宇都是成年人，又欠了亲友大笔债务，躲债的可能性比较大。

接下来的事情大家都知道了，警方破门而入，谢天琴的遗体被发现，屋里被密封，墙上安装了几个摄像头……

吴谢宇为什么要引导亲戚们报案，为什么要让大家知道自己弑母？

这个问题令警方和大众百思不得其解。

这桩惊天动地的大案立案侦查后,警方曾悬赏5万元人民币通缉其归案。3年下来并没有任何线索,警方张开天罗地网,动用了无数警力,都没有查到他在哪里,去了何处。直到他被捕。

据报道,吴谢宇被捕时身上携带了10多张身份证,均通过网络购买。3年来他一直在国内活动。他能随身携带10多张身份证,隐居3年,最后却突然在重庆机场被逮捕。很多人觉得吴谢宇的被捕是因为他潜逃腻了,才故意要被警察发现。就像他当年故意泄漏线索给舅舅一样。不然,一个潜逃的罪犯为何要去机场这样人流密集且安保严格的地方呢?

邪恶的作品

每一个孩子都是父母的作品,如果这个作品是失败的,甚至是邪恶的,那么是不是应该从作者——孩子的父母身上寻找原因呢?答案是肯定的。

谢天琴是一个很拘谨、守旧甚至是刻板的人。她个子不高,清瘦,喜欢穿深色衣服,戴着金属框眼镜。"夏天从没见过她穿裙子,都是短袖加裤子。"有邻居说。

在大部分邻居的印象中,谢天琴是一个中等身高、身材瘦削的女人,她的性格并不古怪,只是有点内敛且沉默寡言。

作为女教师相对居多的中学校园,在闲暇时光,同事们偶尔也喜欢聊些家长里短,但谢天琴几乎从不参与。"她有一点清高。"谢天琴的一个老同事这样评价。

在学校中,谢天琴也不参与任何体育或者娱乐活动。她话不多,除了备课、写教案，就是拿着一本书静静看着。

与她朝夕相处的同事张明（化名）有他的看法。"谢天琴性格挺怪的，不像媒体之前报道的那样。"张明说，"她不爱讲话，有点孤僻，和很多人不太合得来。"张明甚至认为，以谢天琴这样的性格带小孩，孩子的性格有些偏激也是可以理解的。"我觉得谢天琴应该没有一个可以交心的朋友。"

对孩子的管教很严格，这是大家对谢天琴的一致看法。有一位同事至今记得，吴谢宇两三岁时，有一次去到母亲的教研室，坐在椅子上非常乖巧，不吵不闹，甚至不动手翻动母亲桌子上的教案和书籍，就那么乖乖地坐着，直到他母亲带着他出去，完全不是一个这么大的孩子应该有的样子。

吴谢宇在二审自述书中提道："……马老师来敲门时，我妈会一下子把电视声音调低，然后跟我做个嘘的手势叫我别出声，假装家里没人……她经常跟我抱怨，说那几个人好烦，整天敲门、打电话来打扰我们。还会说她与她们以前发生的一些不愉快的往事。这一切，让我觉得，她似乎没把她们这些十几二十年的老相识当朋友。"

马丽华（马老师，化名）说，谢天琴确有上述情况。她说，由于谢天琴不爱接电话，自己若有事，通常直接去家里找她，有时明明亮着灯，却叫不开门。另外，就算开了门，谢天琴也从不会把她让进屋里，就站在门口说。

吴谢宇在二审法庭上还提到小时候的一件事：他母亲不喜欢有人到家里。有一次，他把同学偷偷带回家玩游戏，结果被母亲撞见，母亲很生气，但没有打骂他，只是扯自己头发，打自己耳光。他当时觉得很可怕，一辈子都记得。

根据吴谢宇在逃亡期间所交女友刘虹（化名）的证词，在与吴谢宇同居期间，她曾发现吴谢宇有一次拿棍子打自己的腿，打得还挺重的。我问他怎么了，他说在他小的时候他的爸爸就会这么打他，锻炼他的抗击打能力。他的腿上还有一小块疤痕，他说是小时候做错事情被他爸爸烫伤的。

据庭审旁听人士介绍，二审法庭上，吴谢宇也提到小时候被爸爸烫伤一事，因为腿上的疤痕，他都不敢穿短裤到外面去。

谢天琴有严重的"洁癖"。按吴谢宇大姑接受记者采访时的说法，吴志坚生病时，她去照顾，结果谢天琴不让她在家里住，她只能住楼上朱老师家。另外，吴志坚家有三个座位，每个人都要对号入座。吴谢宇大姑当时不知道，刚要坐下，就被当时还是小孩的吴谢宇阻拦，说不能坐。她认为，吴谢宇肯定是受谢天琴影响才这样。

可以看得出来吴谢宇从小就生活在一个有怪癖且控制欲极强的家庭里，在这样的家庭里长大的孩子，无法获得完整的健康的人格。带有控制欲的爱会让父母视孩子为自己的私产，毫无顾忌地干涉孩子的个体性。读什么书，上什么学，交什么朋友，所有的人生道路都被规划好了，孩子失去了选择的能力，他们只是期待孩子活出他们未曾活出的样子。

家长强烈的控制欲会极大损害孩子人格的塑造，会给孩子带来两种极端的伤害：一种就是造就像吴谢宇这样的有人格问题的孩子；另一种就是产生以自怨自艾为代表症状的，把矛头对向自己的抑郁症和各种各样的神经症的孩子。

因为在严格控制下成长的孩子，会有一种深深的恐惧感。这种恐惧感源自爱不被满足，行为不被肯定，需求不被重视导致的匮乏感、无价值感、自卑感以及不安全感。

在这种家庭长大的孩子，即便精神能够挣扎着站立起来，人格势必留下严重的残疾。这种对人格的伤害还体现在对这个世界的看法上，对人生的态度上，对价值的取向上。

其实，仔细研究谢天琴的生活表现，我们就会发现，她本身就极有可能患有人格障碍。

我们首先来看看她的作品——吴谢宇。他在众人的眼里那么优秀，那么完美无缺，那么阳光友爱，那么磊落大方，几乎无时无刻地替别人着想。请大家想一想，在你的身边，有这样的人吗？

没有缺点的人是不存在的，大家都说猪八戒像人，拥有人身上所有的缺点：贪婪、懒惰、胆小、好色、滑头、自私……而唐僧反而一点儿都不像人：高尚、怜悯、无私、奉献、清心寡欲……所以，唐僧这种人是不存在的，倒是猪八戒这样的人随处可见。

完美无瑕的人如果真的存在，那只有一种可能，就是：伪装。

其实，吴谢宇一直以来都在压抑自我，随时随地表演，可能装到后面，连自己都信以为真了，一般人根本看不到他真实的内心有多阴暗。

吴谢宇在旁人眼里种种"完美"的表现，成绩好、懂礼貌、性格好，这些都是高智商的人格偏差或障碍患者为适应环境而做出的伪装，而看似没有缺点的"完美"和滴水不漏反倒更可怕。大家都知道，人无完人，正常人多多少少都会有一些缺点，因为这些缺点所体现的行为，其实某种程度上就是一种负面情绪的出口。但是大家说吴谢宇一点缺点都没有，说明他自我控制的能力之强，其天性被压抑的程度之深。而这种畸形人格所导致的压抑，可能突然在某个点上被激发出来瞬间爆发，由此会产生一种常人难以理解的疯狂。

就像英国的开膛手杰克，于1888年8月7日到11月9日间，在伦敦东区的白教堂一带以残忍的开膛破肚手法，连续杀害至少5名妓女。犯案期间，凶手多次写信至相关单位挑衅，却始终未落入法网。其大胆的犯案手法，又经媒体一再渲染而引起当时英国社会的一片恐慌。至今他依然是欧美最恶名昭彰的杀手之一。有研究表明，他就是一个人格障碍患者。

仔细研究吴谢宇家庭与家族的各种相关资料，吴谢宇父亲有明显的精神病家族史。吴谢宇的父亲排行老二，是家中独子，吴谢宇的四个姑姑中，三姑因为早年谈恋爱失败，患上了精神障碍，至今还在服用抗精神病药物。两个小姑也有严重的精神疾病，四姑至今住在精神病院，五姑在20年前便已是精神病一级残疾，需要人照看，只有大姑精神正常。由于吴谢宇奶奶改嫁，他的两个小姑和父亲是同母异父，他的大姑、三姑和父亲是同父同母，所以，吴谢宇的奶奶家族极有可能是精神病史家族，否则不会这么凑巧，她与两任丈夫生的孩子都有精神病患者，而精神病与人格障碍，在患病机制和遗传倾向方面相关紧密，这已经被许多研究所证实。

另一方面，吴谢宇的母亲谢天琴也极有可能是人格障碍患者。她的心理行为特征：为人保守、不善言语、刻板、洁癖、拘泥细节、一丝不苟、追求完美、严谨而孤僻、不合群，对儿子的教育，严格、严厉甚至严苛，等等。她的种种表现，极像一个强迫型人格障碍患者的表现。

她的儿子吴谢宇，在阳光开朗、和善亲切、平易近人，极会取悦众人，细致入微地帮助和照顾同学，微笑示人、勤奋努力、积极向上的背后，隐藏着极善伪装、偏执极端、自私、残忍，表演技巧高超，极度自尊，言语表达能力超强，极富感染力和号召力等特点。

这些临床表现，又非常符合表演型人格障碍与偏执型人格障碍兼有的双重人格障碍患者的特征。那么什么是人格，什么是人格障碍，以及强迫型人格障碍、表演型和偏执型人格障碍又到底是怎么回事呢？

什么是人格障碍

人格或称个性，是一个人固定的行为模式及在日常活动中待人处事的习惯方式，是全部心理特征的综合。人格的形成与先天的生理遗传特征及后天的生活环境均有较密切的关系，童年生活对于人格的形成有重要作用。而且人格一旦形成，就具有相对的稳定性，但重大的生活事件及个人的成长经历，仍会使人格发生一定程度的变化，说明人格既具有相对的稳定性又具有一定的可塑性。

人格障碍是指明显偏离正常且根深蒂固的行为方式，具有适应不良的性质，其人格在内容上、本质上或整个人格方面表现异常。由于这个原因，病人自身遭受痛苦，或使他人遭受痛苦，或给个人或社会带来不良影响。人格的异常妨碍了他们的情感和意志活动，破坏了其行为的目的性和统一性，给人以与众不同的特异感觉，在待人接物方面的表现尤为突出。

人格障碍通常开始于童年、青少年或成年早期，并一直持续到成年乃至终生。部分人格障碍患者在成年后有所缓和。

人格障碍患者的临床表现

人格障碍患者具有如下共同特征：

1. 人格障碍开始于童年、青少年或成年早期，并一直持续到成年乃至终生。没有明确的发病时间，不具备疾病发生发展的一般过程。

2. 可能存在脑功能损害，但一般没有明显的神经系统形态学病理变化。

3. 人格显著、持久地偏离了患者所在社会文化环境应有的范围，从而形成与众不同的行为模式。有的人个性上有情绪不稳、自制力差、与人合作能力差和自我超越能力差等特征。

4. 人格障碍主要表现为情感和行为的异常，但其意识状态、智力均无明显缺陷，不仅如此，许多人格障碍患者还可能具有超越常人的智力和工作能力。人格障碍患者一般没有幻觉和妄想，这可与精神病性障碍相鉴别。

5. 人格障碍患者对自身人格缺陷常无自知之明，难以从失败中吸取教训，屡犯同样的错误，因而在人际交往、职业和感情生活中常常受挫，以致害人害己。

6. 人格障碍患者一般能应付日常工作和生活，能理解自己行为的后果，也能在一定程度上理解社会对其行为的评价，主观上往往感到痛苦。

7. 对人格障碍患者的各种治疗手段效果欠佳，医疗措施难以奏效。

其与精神疾病的相关性：人格障碍可能是精神疾病发生的素质因素之一，也可能互为因果。在临床上可见某种类型的人格障碍与某种精神疾病关系较为密切。如精神分裂症患者很多在病前就有分裂性人格的表现，偏执性人格也容易发展成为偏执性精神障碍。人格障碍还会影响精神疾病治疗的反应。

家族遗传倾向：有多项研究表明，人格障碍患者亲属中人格障碍的发生率较高，且其双亲中脑电图异常率较高。有人统计1929~1977年间12篇双生子犯罪问题的研究，在共339例同卵双生子中，共犯罪率为55%；426例双卵双生子共犯罪率为17%。提示生物遗传因素对罪犯（其中一部分系人格障碍患者）违法行为的作用明显。

心理发育影响：童年生活经历对个体人格的形成具有重要的作用。在幼儿心理发育过程中如果出现重大精神刺激或生活挫折，就会对幼儿人格的发育产生不利影响。如父母离异、父爱或母爱被剥夺，从小没有父亲或缺乏父爱的孩子成年后往往表现出性格上的胆小、畏缩；母爱被剥夺可能是反社会性人格的重要成因。有资料表明在孤儿院成长的儿童成年后性格内向者较多。

此外，教养方式不当也是人格发育障碍的重要因素。不恰当的家庭或学校教育对儿童心理发育有或多或少的不良影响；家庭或教师对儿童提出过高的要求，将造成他们对学习的逆反心理；因达不到父母的期望值，儿童将始终生活在"失败"的阴影之中；有些学生由于成绩较差，长期受老师压制或排斥，遭到同学们鄙视等。或者恰恰相反，儿童在家长的高期望压力和严苛的管理下，被迫积极迎合家长、学校及社会的要求，压抑自身的反抗和欲望，成为学业优异的榜样，但内心却极其反感自己的表现，极端地想自由地表达自我意志，最后形成病态人格，也可能走向犯罪的道路，就像吴谢宇一样。

谢天琴是强迫型人格障碍患者

强迫型人格障碍患者的主要特征是个性严格刚直、追求完美主义、做事井然有序，对于人际关系的态度会加以控制，以及情绪表达常保持在一定的狭小范围内。

强迫型人格障碍是人格障碍的一种，以过分要求秩序严格和完美，缺少灵活性、开放性和效率为特征。这类患者在日常生活中按部就班、墨守成规，不允许有变更，生怕遗漏任一要点，因此常过分仔细和重复，过度注意细节而拖延；追求完美，以高标准要求自己，对别人也同样苛求，以致沉浸于琐碎事务无法脱身。

强迫型人格障碍患者从早年（儿童甚至幼儿期）就表现出过度追求完美，计划性强，过度整洁，过分注意细节，行为刻板、观念固执、怕犯错误等性格特点。强迫型人格障碍患者的症状具有现实性，有时这些行为特点对患者的生活或者工作有一定的正面的帮助。

但是强迫症的症状往往是荒谬的，强迫观念往往是某种内在焦虑的外在表现，强迫行为只能够缓解内心的焦虑，对患者没有帮助，并严重影响患者的正常生活和工作。患者往往为这些行为感到痛苦，极力想消除却不能。

像谢天琴这样的强迫型人格障碍患者，工作和生活执着于有序、严谨、完美、完全的控制，以及讲究规则、细节和计划。这些听起来或许是很好的特点，但患有强迫型人格障碍的人往往很刻板、有洁癖、控制欲很强、容易紧张且办事效率低下。因为他们花费太多的时间制定计划以及对任务的担忧，而不是仅仅去做。而且还会涉及信仰和道德问题使他们看起来相当固执。因此，他们的人际关系不会太好，也会意识到自己不受欢迎，于是，常常会回避人际交流，变得内敛和孤僻。这些症状，在谢天琴身上表现得淋漓尽致。

吴谢宇是双重人格障碍患者

他既是表演型人格障碍患者，又是偏执型人格障碍患者。

表演型人格障碍患者，女性较多见。男性表演型人格障碍患者年龄多在 25 岁以下，此类型人格障碍患者以人品和行为的突出和完美表现来吸引人们的注意，以表演性的夸张言行来打动人们为主要特征，患病率为 2.1%~3%。

具有表演型人格障碍的人在行为举止上常带有渲染性，并且言语表达能力很强，他们十分关注自己的外表和行为。常以自我表演、过分的做作和夸张的行为引人注意，暗示性比较强，容易自我放任，并表现出高度以自我为中心。这类人情绪外露，表情丰富，喜欢别人的赞美、崇拜或同情和怜悯。

表演型人格障碍的女性患者情绪多变且易受暗示，易情绪化，易激动，思维肤浅，不习惯于逻辑思维，言语举止和行为显得天真幼稚。但是，男性患者这方面表现比较少，主要表现突显在以自我为中心和外在的表演行为。

表演型人格障碍的形成与基因和家庭环境相关。研究显示，成长在对孩子缺乏关爱与鼓励，有人格障碍家族背景的孩子更易发展成表演型人格障碍。而吴谢宇正好是这样，他的母亲是人格障碍患者，生活中对他缺乏温情和鼓励，教育方面严苛，为了适应和应对这种无所不在的压力，吴谢宇极有可能发展出表演型人格。此外，有研究认为，表演型人格障碍与反社会型人格障碍存在着紧密的关系。

有表演型人格障碍的人表面上看起来是无拘无束且十分开朗的，他们宁可放弃某些独立自主和独立意志来迎合他人，因为他们认为这样更能吸引他人注意。其实，他们的内心完全不是这么回事，反而相当唯我且以自我为中心。

吴谢宇在杀害母亲后的二十余天里，还在家里不慌不忙地密封门窗，安装摄像头。由于分解母亲的尸体不成，又多次外出买塑料薄膜、真空包装袋、活性炭，等等。期间在外出途中遇到邻居和老师们的询问，他显得那么镇静、泰然自若、毫不慌乱，足见他是多么冷酷、多么沉静，简直令人难以置信！而这正好就是偏执型人格障碍患者最突出的临床表现。

偏执型人格障碍是人格障碍的一种，患者数量不详。他们很少求助于医生，如果配偶或同事伴其去治疗，他们多持否认或辩解的态度，使医生难以明辨真相。实际上他们的内心经常陷入难以自拔、难言的痛苦之中。

据调查资料表明，具有偏执型人格障碍的人数占心理障碍总人数的5.8%，由于这种人少有自知之明，对自己的偏执行为持否认态度，所以实际情况可能要超过这个比例。

当患者意识到自己的这一问题时，也是很难改变。当他们向外界求助时，听从别人的指导难以维持太久，继而又陷入从前的状态。他们自己也经常以多种方式疏通自己，试图让自己走出困境，但是非常艰难。其患病率为 0.4%~1.6%，多见于男性。

临床表现：一般于早年开始，此类偏离正常的人格一旦形成以后即具有恒定和不易改变性。患者的智力并不低下，甚至很高，但人格的某些方面会非常突出和过分地发展，而且本人对自己人格缺陷缺乏正确的判断。

据 ICD-10 国际疾病分类显示，偏执型人格障碍的特征为：1. 对挫折与拒绝过分敏感；2. 容易长久的记仇，不轻易原谅被侮辱、伤害或轻视；3. 猜疑，易把他人无意的或友好的行为误解为敌意或轻蔑；4. 与现实环境不相称的好斗及顽固地维护个人的权利；5. 极易猜疑，毫无根据地怀疑配偶或性伴侣的忠诚；6. 有将自己看得过分重要的倾向，表现为持续的自我援引态度；7. 有将与自己直接有关的事件以及世间的形形色色都解释为"阴谋"的无根据的先占观念。

此类人一般是自我和谐的，不会主动或被动寻求医生帮助。他们许多人因为偏执于投诉、官司诉讼，通常出现于法院及信访部门，或由于法律纠纷、犯罪行为，出现在司法精神病鉴定场所。

表面上谦和、宽让、平易近人的吴谢宇，其实内在是一个极其强势、霸道、独断专行的人，这一点从他崇拜的偶像可以窥见一斑。与大部分同学喜欢歌星或者影视明星不同，吴谢宇的崇拜对象是古罗马帝国的恺撒大帝。

"吴谢宇崇拜恺撒。"老师梅佳回忆道。吴谢宇在一次学校演讲中，多次提到恺撒的名言："我来，我看见，我征服。"

他在网络上留下的个性签名也是恺撒的这句名言的拉丁文 VENI VIDI VICI VULEISUE GARLAGIYA。（全句译为："我来，我见，我征服。我所欲者，我皆持长枪来夺。"）这里似乎流露出这个外表看似温文谦和的少年极少显露出的霸气一面。

这个在同学、老师与亲戚眼中的"完美无缺"的吴谢宇，在案发后，随着警方调查以及主流媒体报道的深入，展现出了另一个截然不同的人格特征，这一面是阴暗、残酷、堕落，让每一个崇拜他的人听到都瞠目结舌。

报道称，吴谢宇在弑母前后，曾与一位妓女恋爱，并拿出十几万元的彩礼试图提亲，该女子拒绝后，两人时常争吵。

据福州警方初步审讯，吴谢宇在逃亡期间一直在重庆工作生活。白天担任教学机构老师，晚上在多个酒吧串场当"男模"。所谓"男模"，实际上就是应召男郎，也就是男妓。

不仅如此，据他在酒吧的同事回忆称，吴谢宇平时会调戏女服务员，手机里存储着几十部淫秽电影，而且还时常去嫖娼。"他从不找价格100元的，都是300元的。"

吴谢宇在2015年7月11日弑母之后，警方查到他多次购买彩票和嫖娼的记录，购买彩票大概花费了几十万元。他不但嗜嫖、嗜赌，还出卖身体赚钱。这样的行为，与他母亲谢天琴训导、要求和教诫他的道德规范，相差十万八千里！恰好暴露了他双重人格的另一重人格。

吴谢宇如果没有强烈的猜疑、长久而顽固的记恨，极端的好斗及不顾一切地维护个人权利的心理动机，病理性歪曲现实的判断，就不会在经过周密计划、长期准备之后，残忍地杀害深爱他的亲生母亲。

美国炸弹狂人F.P.

说到偏执型人格障碍，就不得不说犯罪心理学上的一个经典案例：20世纪四五十年代发生在美国的轰动全世界的偏执型人格障碍患者的犯罪案例——美国炸弹狂人F.P.。

1940年11月16日，纽约联合爱迪生公司大楼的员工在窗台上发现一个自制炸弹。附带字条说："联合爱迪生的骗子们，这是孝敬你们的。"

1941年9月，第9大街发现第二枚炸弹，距离联合爱迪生总部仅几个街区。炸弹包裹在一只袜子里，扔在了街上。

几个月后，纽约警察局收到一封信，信上说："要把联合爱迪生绳之以法——他们应该为他们的卑鄙行为付出代价。"

1941年至1946年，警方又收到16封类似的威胁信。它们都用印刷字母书写，多次重复"卑鄙行为"一词，签名只有缩写"F.P."。

1950年3月，第3枚炸弹在中央地铁站被发现。第4枚被放在纽约公共图书馆的一个电话亭内。这两枚炸弹都爆炸了。1954年，"炸弹狂人"（人们开始这样叫他）4次作案。1955年，他又投放了6次炸弹。整个城市为此沸腾了，而警方毫无线索。F.P.在给警方的信中，不仅多次嘲笑警方的无能，还预报并公布除了爆炸地点之外下次的行动计划，弄得警察局颜面扫地。

1956年12月2日晚7点55分，纽约布鲁克林区的派拉蒙影院发生爆炸，近1500名观众惊恐万状地奔逃四散。

此前几年里，当地的图书馆、火车站、公交车站、电话亭、音乐厅、电影院等各种场所，已发生过20多起类似的恐怖炸弹袭击。随着时间的推移，炸弹狂人的行为越来越凶险。

炸弹狂人在珍珠港事件爆发后给警局的信中写道："战争期间我不会再扔炸弹，这是出于我的爱国心。但总有一天，我要让爱迪生公司遭到报应。"

在危机面前，纽约警方的调查却陷入了僵局。虽然警察局成立了"爆炸侦查组"，动员了各区众多的执法长官以及他们手下几万名警官参与调查，但还是无法查明炸弹狂人的身份，只能认定此人与爱迪生公司有仇。

当时的爱迪生已吞并了近30家电力公司，散落在各处的前员工档案和投诉信件不计其数，人工寻找炸弹狂人无异于大海捞针。

无奈之下，警队内部有人建议犯罪实验室负责人霍华德·菲尼（Howard Finney），不妨咨询一下精神病学家詹姆斯·布鲁塞尔（James Brussel）。虽然并无这样的先例，但一筹莫展的菲尼还是决定去碰碰运气。

当时大概没有人能想到，对这起案件的咨询将成为刑侦历史上最著名的一次实践。其代表的破案方法，直到今天还在刺激着人们的灵感和想象力。

在纽约警队中，布鲁塞尔本来就因博学而很有名气。除了作为精神病学家执业，他还担任纽约精神卫生所的执行助理，负责分析和诊治患有精神疾病的罪犯。

不过，在罪案中咨询精神病学家的意见，不但对警方来说是无奈之举，而且连布鲁塞尔本人都觉得有些不可思议："以前分析的都是眼前的活人，现在要分析一个影子？"

在查看过几封炸弹狂人写的恐吓信后，布鲁塞尔却真的有了一些想法。经过 4 个小时的分析，他为警方列出了炸弹狂人可能具有的 10 个特征，并提供了行动建议。

特征：1. 男性；2. 中等身材，不胖不瘦；3. 中年人，45 岁或更老；4. 至少上过两年高中，有金属制造和电工方面的技能；5. 外观整洁，看上去礼貌得体，实则狂妄自大、古板固执，是个偏执狂；6. 独来独往，没朋友，没结婚，还很可能是处男——"我打赌他都没亲过女孩。"布鲁塞尔说；7. 和年长的女性亲属同住；8. 斯拉夫裔，天主教徒，定期去教会；9. 住在康涅狄格州；10. 患心脏病。

布鲁塞尔建议公布以上特征。以上猜测可能出错，炸弹狂人看到后因无法忍受而主动暴露其他信息——他希望自己为人所知。

在来访的警方人员准备告辞时，布鲁塞尔又叫住了他们。

他沉思片刻，然后，给出了成为犯罪心理剖绘典范的预言。布鲁塞尔在其回忆录里描述：

"还有件事。"我闭上我的眼睛,因为我不想看到警察们的反应。我说我看到了炸弹狂人:很整洁,绝对体面,一个绝对避免新潮服装的保守男人。我清晰地看到了他——看得比事实提供的线索更清楚。我知道,我太放纵自己的想象,但是,我无法控制自己。

"还有,"我眼睛紧闭着,"当你们抓捕他时,毫无疑问,你们会逮到他。你们抓住他时,他将穿着一件双排扣上衣。"

"我的上帝!"一位侦探轻声说。

"衣服会扣得一丝不苟。"我说,然后睁开眼睛。菲尼和他的手下面面相觑。

"双排扣上衣?"菲尼问。

"是的。"

"扣上扣子?"

"是的。"

他点了点头。没有再说话,离开了。

一个月后,乔治·米特斯基(George Metskey)因涉嫌纽约爆炸案被警方逮捕。他和两个姐姐一起住在康涅狄格州沃特伯里,未婚。他非常爱整洁,经常上教堂。1929 年至 1931 年,他曾受雇于联合爱迪生公司,并声称在工作中负伤。当他被捕时,看见警察站在门外时,说:"我知道你们这些家伙干什么来了。你们认为我是炸弹狂人。"

当时是午夜,他穿着睡衣。警察让他穿好衣服。他再次出现时,头发整齐地往后梳理,鞋子擦得锃亮,穿着一件双排扣上衣,纽扣扣得一丝不苟。

可想而知,当时在抓捕现场的警察们那种惊讶的程度!这种看起来近乎水晶球巫术的判断方式，与当时警方主要通过直观的人证、物证破案的做法大相径庭。而开始时，他们对布鲁塞尔分析的第一反应也绝非信服，而事实终于使他们佩服得五体投地。

那是1957年1月，炸弹狂人终于落网。

警方发现，布鲁塞尔的猜测几乎全部命中——作案者乔治·米特斯基是个整洁得体、中等身材的斯拉夫裔中年人，来自康涅狄格州，未婚，与两位姐姐同住，曾经做过电工。尤为惊人的是，被捕时他确实穿着双排扣西服。

乔治·米特斯基是爱迪生分公司的一名前员工。1931年因工伤带薪休假一段时间后，遭以"消极怠工"开除。米特斯基认为工伤导致他患上肺结核病，多次向爱迪生公司索赔无果。1936年他向劳动保障局的申诉也以失败告终。恐吓信上的笔名F.P.是Fair Play的首字母缩写：公平玩法、公平竞争。

布鲁塞尔这种在常人看来有如神通的精确分析，使他被当时的媒体誉为"沙发上的福尔摩斯"。

他是怎样推测出这些特征的？

首先，他根据恐吓信的内容，投弹地点扩散的规律，发现炸弹狂人非常符合偏执型人格障碍的诊断标准。而偏执型人格障碍患者具有缓慢而持续加重的被害臆想，一般要在30岁之后才会极度恶化。炸弹狂人1940年第一次作案时病情已相当严重，如今16年过去，保守估计年龄应在45岁以上。

此外，这类精神病人大多身材匀称，炸弹狂人有85%的可能符合这一特征；恐吓信上的字迹规整干净，几乎没有涂改，这种习惯会偏执地体现在生活的方方面面，如整洁得体、待人礼貌、遵守规则等。

而且，偏执型人格障碍患者疑心重，总担心别人有加害自己的想法和行为，因此很可能独来独往，没有伴侣和朋友。

其他的准确分析，则来自布鲁塞尔运用精神病学识人断物的丰富经验：

1. 炸弹狂人的信中从不使用口语，英文表达老套，这说明他可能是移民，或在非英语母语的社区中长大。

2. 炸弹狂人同时使用炸弹和刀具，二者都是斯拉夫人的惯用武器，因此他可能是斯拉夫裔，也就很可能是天主教徒。

3. 恐吓信全部来自纽约和威斯特彻斯特，而多疑的偏执型人格障碍患者一般不从居住地直接寄信。如果他确是斯拉夫裔，则来自纽约和威斯特彻斯特附近最大的斯拉夫聚居地——康涅狄格州——的可能性就很大了。米特斯基住在康涅狄格州的沃特伯里，在中途的威斯特彻斯特或目的地纽约投递恐吓信。

4. 炸弹狂人在信中表示自己长期受到病痛折磨，当时最普遍的慢性疾病是心脏病、癌症和肺结核。十几年下来，癌症的存活希望不大，而肺结核早在20世纪50年代初即可药物治愈，布鲁塞尔因此推测炸弹狂人患有心脏病——这一点他猜错了，作案者患的是肺结核。只不过被妄想和仇恨冲昏头脑的偏执狂，有多大可能乐意让医院治好他的病呢？

5. 最玄的"双排扣西服"，则是出于布鲁塞尔脑海中浮现的想象画面：一个谨小慎微、穿双排扣西服的中年男人。他认为这个形象有合理的根据：偏执型人格障碍患者保守谨慎，流行的着装总要等到过时之后才愿意尝试，双排扣西装正是这样一种选择。

相对保守的双排扣西服在美国20世纪二三十年代非常流行，40年代之后逐渐没落。50年代纽约街头最流行的是牛仔裤配黑色皮夹克。

他做出这些分析时使用的方法，就是后来刑侦中的"犯罪侧写"，只不过这一名称在当时尚未出现。

所谓犯罪侧写，就是通过分析罪犯留下的活动痕迹，推断罪犯可辨识的行为个性和人口学特征。

比较一下炸弹狂人，我们可以发现，吴谢宇与他的心理行为特征极为相似。

1. 偏执型人格障碍患者，因为很注意自己的外在形象，因此大多身材匀称，讲究外貌。吴谢宇也很注重自己的形象。他的身材很好，平时经常做健身训练，全身肌肉发达，练出了六块腹肌，甚至在逃亡的时候还不忘健身。他在夜总会当"男模"时，经常穿紧身体恤，以显露体型。

2. 炸弹狂人写的恐吓信上的字迹，规整干净、几乎没有涂改，这种习惯也会偏执地体现在他生活的方方面面；吴谢宇就更是如此。他从小就循规蹈矩，字迹工整，书籍、课本和作业本干净、整洁，文具整理得一丝不苟，对待同学、老师和长辈彬彬有礼，热情而周到。

3. 炸弹狂人是个做事有条理的人。他在爱迪生公司的工作记录令人称道，是一个优秀的员工；吴谢宇也是这样，无论在中学还是大学读书时，都是模范生，遵规守矩，品行优良，从来都是大家的榜样。即使在逃亡期间，他无论是白天当培训老师，还是晚上当"男模"，都无可挑剔，令老板满意，顾客青睐。

4. 偏执型人格障碍患者疑心重，总担心别人加害自己，因此基本独来独往，没有伴侣和朋友。炸弹狂人是这样。他没有社交关系，从不与人交往，只是跟两个姐姐住在一起；吴谢宇也没有知心朋友。他对人笑容可掬、热情洋溢的背后，隐藏着深深的戒备和不信任。他从来不会向任何人吐露心事，即便对母亲刻骨铭心的仇恨，也从未流露一丝一毫。在逃亡期间，他更是独往独来，深居简出，工作之外回避任何人群。

5. 从开始作案到最终被捕，16 年里，炸弹狂人一直固执地认为爱迪生公司对他犯下了不可饶恕的罪行，为此，他竟然迁怒于无辜的百姓。自 1940 年起，他就开始在公共场所投放了几十次炸弹，伤害平民；吴谢宇对母亲的怨恨，埋藏心底十几年。他顽固地认为，母亲左右了他的人生，妨碍了他对自由和自我的追求，决心置母亲于死地而后快。

两者不同的地方在于：炸弹狂人是典型的偏执型人格障碍患者，而吴谢宇是双重人格患者，他有一面是表演型人格，所以他更能伪装，因而也更具备欺骗性。他以这一人格外貌示人，再加上偏执型人格的严谨、工整、礼貌和伪善，所以更不易被人识破。

什么是双重人格

双重人格指一个人具有两个相对独特的并相互分开的人格，并以原/初始人格（未分裂出其他人格时的人格）为主人格，分裂/衍生人格为亚人格的一种精神变态现象。

认真分析吴谢宇的心理行为特征，我们就会发现，在外界的压力下，为了适应环境的需要，他经常示人的就是表演型人格（主人格），而他的另一重人格（亚人格）就是偏执型人格，他的亚人格一直被他深深掩藏着，直到弑母后，才被人觉察。

双重人格是一种严重的心理障碍。美国精神病大词典对于双重人格的定义是这样的："一个人具有两个相对独特的并相互分开的人格，是为双重人格。是一种癔症性的分离性心理障碍。"

双重人格患者存在两种不同的身份或人格状态，每一种都有自己相对稳定的对周围环境和自己的观察方法、联系及想法。

双重人格是个体在一生的社会生活和实践中生长发育起来的一种对周围环境"压力"的防御机制和调适机制，并具有文化上的"遗传"性和连续性。它亦是一种人格的内在状态与外在状态的分裂。其分裂的程度受外在环境"压力"的大小及自我调适机制的情形的影响，随机地表现为不同的状况。一般说来，外在环境的"压力"越大，自我调适机制的功能越差，则人格分裂的程度越大，吴谢宇的表现也正是这样。

很显然，如果没有具有强迫型人格的母亲谢天琴的常年严苛管理、严厉要求和严格约束，再加上父亲的严厉对待，没有这种强大的外界环境"压力"，吴谢宇肯定不会发展成这种病理状态的双重人格。

而谢天琴对孩子的这种病态的家庭教育原因，除了她本身的强迫型人格的秉性之外，她的丈夫因病去世，这一个巨大的负面生活事件也对她产生了很大的影响。在这个巨大负面生活事件的促发下，谢天琴更是一发不可收拾地、变本加厉地抓住孩子，就像抓住救命稻草一样。

吴谢宇的父亲原是福州一家国企的总经理，也是家里的顶梁柱。从周边亲友了解到的情况是，吴父生前和吴母夫妻感情很好，颇有些琴瑟合鸣的味道。吴父去世后，吴母和吴谢宇所受到的打击都很大。

对于谢天琴来讲，丈夫的离去，不单单是情感的孤独，更重要的还丧失了家庭最重要的经济来源。一下子没有了依靠，她的情感就像溺水的人会拼命地去抓稻草一样，而吴谢宇就是她的救命稻草。从她拒绝丈夫同事们凑的慰问金可以看出，具有强迫型人格障碍的她是一个极其孤傲且内心敏感的人。

由于病态人格的影响，她自己的痛苦和无助，不想让任何人看到。她关闭了与外界沟通的窗户后，吴谢宇就成了她唯一想要打开的大门。

　　谢天琴把吴谢宇当成了丈夫的替代或者是另一个完美的自己。所以对吴谢宇的一言一行，都特别严苛。但对于吴谢宇来说，当时他正处于偏执型人格的早期阶段，也正处于独特性格和独特情感需要阶段。他或许也会痛苦和疑惑，不明白母亲为什么要这样对待自己。但他的行为却一直按照母亲的意愿去执行，一直压抑自己内心的真实需求，去顺从母亲的命令。这就逐渐强化和固化了他原来为了应付和应对母亲压力而衍生出来的表演型及偏执型人格。

　　当他考入大学，独自生活时，他的偏执型人格因为没有了母亲的压力而更加得到强化和发展，他对母亲积蓄已久的愤恨已渐渐变得难以按捺。在这关键时期，一个妓女闯进了他的生活，煽起了他强烈的性欲、情欲和占有欲。或许他也曾尝试询问或者试探过母亲的意见，答案显而易见，肯定完全令他绝望。或许从那一刻始，他就决意杀了谢天琴，去追求自己想要的自由生活。他发现自己在肉体和精神上完全不是那个表面上勤奋学习、积极向上的青年人倾慕的榜样，病态的人格驱使他终于走上了离经叛道、弑母的道路。

　　杀了母亲之后，他按照设计好的方案，伪造母亲的亲笔信，替母亲辞去公职，又骗取了亲友140余万巨款，并成功把母亲的尸体藏匿了半年之久。在这段时间里，他完全有可能逃到国外任何一个与中国没有引渡条约的国家去，开始无人知晓的新生活。可是他为什么不走？反而去找那个妓女，跟她同居了近半年的时间，还一起到香港旅游？我认为，一是他的偏执型人格使他不愿放弃自己的选择；二是或许这个妓女对他的吸引力超越了理智的考量。所以当所有人都以为他已经到国外逍遥快活的时候，他却仍然在国内。三是，他以为凭他的智商，警方永远无法找到他。最后他终于被迫和那个妓女分手。这里要提一句，分手后（也许是那个妓女主动逃离了他）他还到河南去寻找过她，足见他的偏执。

弑母案件的发生，标志着吴谢宇全面卸下了自己的表演型人格伪装。逃亡的三年多，也满足了他向往的自由生活。谢天琴是强迫型人格的牺牲者，吴谢宇亦是母亲孕育出来的表演型和偏执型人格的牺牲者。但无论如何，弑母这件事本身，是绝对不可原谅的，而且偏执型人格障碍患者思维缜密、计划周全、认知健全，因此，在法律上他们必须完全承担全部罪责。从 2021 年 8 月 26 日，福州市中级人民法院一审宣判：对被告人吴谢宇数罪并罚，决定执行死刑，剥夺政治权利终身；到 2023 年 5 月 30 日，法院对吴谢宇故意杀人、诈骗、买卖身份证件上诉一案二审公开宣判，裁定驳回上诉，维持原判，说明了法律不会宽恕人格障碍患者。

人格障碍患者的治疗

关于人格障碍患者的治疗，总体而言，治疗效果相当有限，预后欠佳。因此为人父母者一定要注意，在孩子幼年时期培养健全的人格非常重要，一旦发现不良的苗头，最好向专业人员请教，到专业医疗机构向权威专家求治。

人格障碍患者一般不会主动求医，他们常常是在与环境及社会发生冲突而感到痛苦或出现情绪、睡眠方面的症状时，非常"无奈"或者被迫地到医院就诊。

人格障碍治疗的目的之一就是帮助患者建立良好的行为模式，矫正不良习惯。但直接改变患者的行为相当困难。由于药物依从性差，目前尚无较好的治疗方法。一般对人格障碍患者的治疗，很大程度是根据人格障碍患者的不同特点，帮助其寻求减少冲突的生活道路，让患者尽可能避免暴露在诱发不良行为的处境之中，以免激发其症状发作。否则，患者可能会非常冷酷无情地做出一些伤害他人的事情，最广为人知的反社会型人格障碍患者便是《沉默的羔羊》中的汉尼拔教授。他可以在谈笑间将一个人杀死并剖出心肝吃掉。

药物治疗难以改变人格结构，但在出现异常应激和情绪反应时少量用药仍有帮助。如情绪不稳定者可少量应用抗精神病药物；有焦虑表现者可给予少量苯二氮卓类药物或其他抗焦虑药物。

与人格障碍患者进行心理咨询会谈，困难性也比较高。他们通常会以一种卖弄学问或过度赘述来转移话题。

就像吴谢宇被捕之后，审讯工作难以进行，警方急于想弄清楚：他为什么和如何把自己的亲生母亲杀害的？他怎么会不动声色地周密准备和不被母亲或他人觉察？他是如何成功地逃避天罗地网隐身三年之久的？等等。但是，吴谢宇统统避而不谈，反而卖弄学问地谈起了宇宙天体和黑洞问题。

除此之外，人格障碍患者对于医生想要知道的问题掌控得非常熟练，并且他们会试图去主导和控制整个会谈的进行。

对于自己的过去历史或者犯罪经过，患者都会采取类似播报新闻的中立方式来呈现，好像在诉说别人的事情。他们对于任何事情都是以一种超然的、客观的态度来加以解释，完全不带有任何的情绪色彩。因为他们以自己对事情所谓"中立"和"客观"的态度而感到骄傲，而且在回答问题时，会显得相当自信，甚至自负。并且会遮掩或者否定自己的真实作案动机，还会推诿责任，把自己的罪责推卸到他人身上。就像美国的炸弹狂人一样，自始至终，一口咬定爱迪生公司是一切的罪魁祸首；吴谢宇则反复强调自己杀害母亲"是为了帮助妈妈解脱"。这是所有人格障碍患者的通病，是由他们的病态人格所决定的行为特征。

至于吴谢宇为什么在弑母后安然逃遁半年之后，又引导舅舅去发现母亲的遗体？无外乎以下两个原因：

1. 偏执型人格障碍患者都非常自负。就像美国的炸弹狂人一样，他自认为高明，16年来玩弄警方和媒体于股掌之间，但是，他最终逃不过精神分析专家的火眼金睛。

吴谢宇也是这样，他买了10多张身份证，做好了隐身的一切准备，他自认为警方不是他的对手，而且的确如此。如果不是他太掉以轻心，过分自信，贸然去机场送女友人，被最新安装的人脸识别系统锁定的话，至今他有可能仍然逍遥法外。

2. 还有一种可能，就是他在某一瞬间，突然动了恻隐之心，觉得应该让母亲入土为安，任遗体腐烂、袒露，于心不忍，于是发短信给舅舅，从而发现母亲的遗体。

根据吴谢宇在狱中的自述，2014年下半年，大三上学期时，他每周都会跑到北京一座大厦的18层（张国荣就是从香港文华东方酒店的18层跳下去的），他想"像哥哥一样，一步跨出去……就能到那个世界去找爸爸了"。

但是，他最终没有跨出去。在二次庭审中他还不停地哭诉，请求法庭免他一死。可见他根本没有想死的念头，反而是一副贪生怕死的模样。

其实，吴谢宇求生意识十分强烈，为了争取活命机会，吴谢宇在狱中写下 5 万字忏悔信，希望求得舅舅和小姨等人的原谅。

然而舅舅和小姨却迟迟没有动静，无论吴家人如何恳求，舅舅坚决不签署谅解书，小姨只是不断哭诉枉死的姐姐。

在二审判决前，我曾预估吴谢宇很可能被判死缓，就是基于媒体误传他的舅舅、小姨已经谅解吴谢宇了，而这对法庭判决影响很大。舅舅和小姨的态度使吴谢宇失去了活下去的最后一点希望，这也是他罪有应得的结果，同时也让我们看到了表演型人格患者最后的精彩表演。

（本文部分资料来自媒体报道）

后记

关照自我

三十多年来，我帮助过无数的心理、精神疾病患者，其中包括还没有达到疾病诊断标准的"心理求助者"。他们几乎都问过我同样的一个问题：怎么判断自己或是他人是否患了心理或精神疾病？患了这类疾病后该怎么办？

在发达国家，精神科和心理科是不做区分的，而且在国际医学专业的分类上，均被划为精神科。因为精神科在发展早期，主要是治疗诸如精神分裂症一类严重的精神疾病，所以久而久之，大家就认为精神科就是专门治疗精神病患者的学科了。当然，国外也有临床心理科和行为治疗（矫正）科，还有心理咨询科，但是从业者都不是心理医生，没有处方权，不能给患者开药进行治疗。

大家心里一向畏惧和回避"精神病"这个词，所以我国各地的许多治疗精神疾病的医院都纷纷改名为"心理卫生中心""心理康复中心""心理医院""心身疾病医院"，等等。人们都像躲避瘟疫一样地回避"精神病"，生怕自己被戴上精神病的帽子。

在国际上，所谓心理疾病其实就是精神疾病，同属一个概念。如 mental disease, mental disorder, psychosis, mental, lunacy, insanity 等，这些词语既可以翻译成"精

神病",又可以翻译成"心理疾病",就看大家怎么理解了。我现在就把这类疾病统称为精神疾病吧。

那么怎么判断自己或者他人是否患上了精神疾病呢？

可以通过判断个体是否存在以下几个方面的异常。

情绪异常

一是情绪上的反常或与众不同。比如较容易激动，不容易控制自己的情绪，会因为一点小事就情绪爆发，或大吵大闹，或动手摔东西、打人，或与人长时间吵架、纠缠不休。我们用专业名词叫作"易激惹"。

二是无理由地突然情绪高涨，异常兴奋，昼夜不停或不知疲倦地说来说去。如工作上突然特别勤奋、积极，常常加班到深夜也不觉困倦，睡眠很少但精力充沛，性欲亢进。或者长时间情绪低落，萎靡不振，消极悲观，伴随着兴趣爱好缺乏或者越来越少，对前途感到迷惘，有强烈的自卑感，情绪消沉且社交减少或者没有社交，食欲不振，体型日渐消瘦，或有自虐、自残、自杀的倾向或行为，等等。正如书中《遗尿症》一文的患者，他因女友离开，而患上了躁狂抑郁症，整天处于亢奋状态，到处游走，找人聊天，滔滔不绝地东拉西扯。

情绪异常还有其他类别和症状，在此不一一罗列，不过如果我们发现自己或身边人情绪状态与平时不同，或跟正常人不一样，无法自行缓解，而且持续的时间比较长，那我们就要引起警觉了。这里说的"持续时间比较长"只是大概估计，具体情况还要具体分析。总之，当我们发现自己或身边人的情绪不对劲了，而且持续时间长，最好找专业的心理医生看一看，以免贻误治疗的良机。

思维异常

是指思维紊乱或者混乱。如果一个人的思维突然异常活跃,各种各样的念头层出不穷,且干扰到他的专注力和记忆力,甚至影响到了个人的正常生活。比如导致学习无法进行下去,或者工作受到严重干扰和影响,这时候,本人或身边人应高度警惕,及时就医。

正如我曾经遇到一个高二女生,她觉得自己整天头脑乱糟糟的,静不下心来学习,上课时无法集中注意力。旁人觉得她整天发呆,其实她的思维异常混乱,根本不知道自己在想些什么,做些什么。经过诊断,她是精神分裂症的早期表现,建议她立即休学,并进行规范性治疗。否则她即便挨过了高三,也会导致病情加重,后期治疗起来会更加困难。但家长坚持让她完成高中学业,结果两个多月之后,她被学校强制就医,直接送去了精神病医院。

幻觉与妄想

一般正常人有时候也会出现幻觉,精神疾病的幻觉主要表现为幻听。在一般人群中,幻听的发生概率在5%~28%,在精神病患者中,幻听是最常见的症状,精神分裂症患者发生概率为75%,双相情感障碍患者发生概率为20%~50%,重度抑郁症患者发生概率为10%,创伤后应激综合征(PTSD)患者发生概率为40%。

所以精神病人出现幻听并不奇怪。奇怪的是,病人通常非常坚信幻听的真实存在,无论医生怎么解释,或者采用认知疗法、精神分析、行为矫正、人本主义等治疗方法,均无明显疗效。

这时候必须对病人使用足量的抗精神病药物进行治疗,先控制疾病的症状，等到药物显效，病人渐渐恢复自知力以后，再实施心理治疗。如果不先控制症状，就会使得病情失去控制。

我的一位朋友的儿子得了强迫症，但她忌讳西药，一直拒绝让孩子服用抗抑郁和抗焦虑药物，希望我用非药物的心理咨询和治疗手段来控制她孩子的症状。

我告诉她，治疗精神疾病，必须分阶段性，分别或者同时实行心理咨询、心理治疗和药物治疗，需要三管齐下，才能从根本上治好精神疾病。

她没有采纳我的意见。几年过去后，她儿子的病情越来越严重。终于有一天，她儿子在幻觉和被迫害妄想的支配下，拿着一把长刀，在大马路上追砍行人，后被警察抓捕，强制送进精神病院进行束缚性治疗……

行为异常

这里说的行为异常，不是指正常人群中的一些人故意做出的各种荒唐、怪诞行为。那些为了标新立异、哗众取宠，吸引人群关注，博眼球、搏流量的做法都不属于精神病理学上的行为异常，最多属于社会行为类别的异常。

精神病理学上的行为异常是病人自己不能觉察，或者根本不能控制的精神病理异常行为。正如书中《催眠》一文，市长家八九岁孩子的面颊不受控制地抽动，并伴有点头和吞咽动作。

精神病理性的行为异常还有一种常见的表现就是偏执行为。偏执行为常发生于偏执性精神病、精神分裂症或偏执型人格障碍患者身上。他们存在偏执而激烈的观念或想法，这些偏执的观念或想法一般与客观现实不相符，或者完全没有客观现实的基础。患者表现坚信或者相当强烈地秉持这些偏执观念势必会影响他正常的社交，往往会导致人际关系紧乱的后果。如果我们发现身边人出现这种病理性偏执症状，一定要动员他尽快去精神科就诊，接受专业的评估和诊断，然后进行相应的治疗，否则必将对生活造成巨大影响。

行为异常的另外一个比较多见的表现就是退行性行为。有这种行为的人，往往会被大家误认为是"性格内向""胆小、谨慎"，实际上这些人极有可能是患了精神疾病。

我有一个远在澳大利亚留学的男性患者，定期和我做超远距离线上心理咨询与治疗。他自幼受到父母非常严格的管束，结果造成了他谨言慎行、多思多虑、患得患失、胆怯自卑、畏惧社交等一系列退行性行为。他说他在澳大利亚留学期间，每天过着"生不如死"（他的原话）的日子。

他就是患了社交恐惧和适应障碍症，无法仅仅依靠药物治好，必须同时施用认知行为疗法和心理咨询的手段才能彻底治愈。

退行性行为还有很多种类型，比如因网络成瘾造成的回避人群，厌学心理导致的离群索居，就业失败后退缩啃老，抑郁情绪影响到脱离社会，老年人精神衰退导致不近人群，离婚后长期独居造成性格孤僻，等等。这些都是需要我们重视的精神行为退行性改变，它们可能是精神疾病进程中的先兆表现，或者继续进展的征兆，需要引起足够重视。

参看我在前文中介绍的近二十种有代表性的病例和具体的治疗方法，让我们不仅能在自己有患病倾向，或者已经患病的时候，及时地与自己和解，解救自己，还可以察觉身边人的状况，及时进行干预。

2023 年 10 月